服装创新设计：思维与实践

袁大鹏
著

国家一级出版社 中国纺织出版社 全国百佳图书出版单位

内容提要

本书以服装设计创新思维理论为基础，明晰服装创新设计的步骤——设计主题的拓展与灵感的挖掘，服装设计元素的提取，服装设计风格的确定与定位，服装设计思维的表征。最后以67个获奖实例进行案例分析，以期对服装创新设计思维的训练起到详实的展示。

本书理论联系实际，图文并茂，是一本研究服装设计的专业参考书。

图书在版编目（CIP）数据

服装创新设计：思维与实践／袁大鹏著 .-- 北京：中国纺织出版社，2019.1

ISBN 978-7-5180-5611-8

Ⅰ. ①服… Ⅱ. ①袁… Ⅲ. ①服装设计 Ⅳ. ①TS941.2.

中国版本图书馆CIP数据核字（2018）第257075号

策划编辑：孙成成　责任编辑：谢冰雁　责任校对：楼旭红
责任印制：王艳丽

中国纺织出版社出版发行
地址：北京市朝阳区百子湾东里A407号楼　邮政编码：100124
销售电话：010—67004422　传真：010—87155801
http：//www.c-textilep.com
E-mail：faxing@c-textilep.com
中国纺织出版社天猫旗舰店
官方微博http：//weibo.com/2119887771
北京华联印刷有限公司印刷　各地新华书店经销
2019年1月第1版第1次印刷
开本：889×1194　1/16　印张：15.5
字数：228千字　定价：98.00元

PREFAC ONE

序　一

伴随着视觉艺术的蓬勃发展，服装设计已经逐步发展成为一门兼具精神性与物质性、主观性与客观性、审美性与实用性的艺术形式。其绚丽夺目的形式美中，折射出瞬息万变的时代境况和丰富多彩的社会世态，倾注着设计师的思考、精神与智慧，是一种深远情感的延续。著名的法国史学家、批评家丹纳在其著作《艺术哲学》中提出："艺术品的目的是表现某个主要的或突出的特征，也就是某个重要的观念，比实际事物表现得更清楚、更完全。"反映在服装设计中，这种对于现实事物与精神特征的本质把握以及视觉化的呈现，显然已经成为表现当代物质与文化发展最核心的艺术语言之一，为现代艺术设计的创新研究增加了取之不尽的设计素材和用之不竭的精神内涵。

本书从实践出发，以服装设计创新的思维与实践为主要研究脉络，力求在风格多变的设计实践中寻求对其本质与形式的整体把握。就其内容而言，作者将从服装创新设计思维、服装设计主题的拓展与灵感、服装设计元素与方法、服装设计风格与定位、服装设计思维的表现、创新设计思维与实践——案例分析六个方面对服装创新设计进行针对性剖析，为读者建立完整、准确的理论知识架构与清晰、有效的设计实践方法。其中，第六章创新设计思维与实践的案例分析部分是本书的重点，作者列举了经其指导的近百项国内外服装设计大赛的获奖案例，效果图、款式图、面料图、成品图、走秀图一应俱全，直观、形象地展现出创新设计思维的实践成果。

本书体现了作者对于多年从事服装设计教学的思考，也是其多年优秀教学成果的集中展现，相信能为读者带来良好的学习经验与完善的实践参考。

李薇

清华大学美术学院　教授　博士生导师

第十届全国美术作品展"金奖"获得者

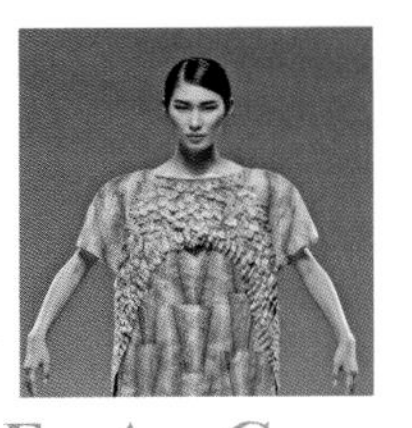

P R E F A C T W O

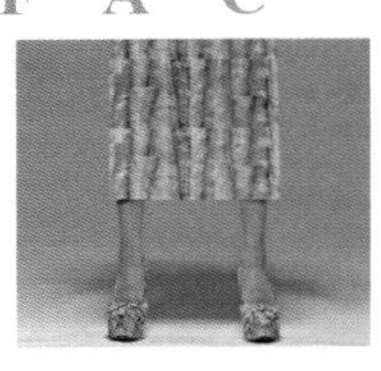

序　二

服装作为社会精神文化的重要载体，承载着体现人类内在思想意识的外化作用，人们借助服装传达着现实世界和精神生活的种种信息。随着经济水平的迅猛发展，我国服装产业正逐渐向着个性化、多元化方向过渡，这对服装设计的创新性提出了更高的要求。作为一名服装设计师，"如何创新"成为设计作品时首先要面对的重中之重。

服装设计是服装专业教学中的核心课程，其内容涵盖了服装的基础理论、形式法则、设计实践方法等多方面的专业知识，是一项内涵丰富的系统工程。服装设计创新思维与实践，即创新思维在设计上的延伸和具体化过程，如何灵活运用各种创新思维方式进行艺术创作，并能兼顾服装设计的实用性、科学性；如何将专业知识与专业技能有效地结合起来解决实际创作过程中可能会遇到的种种问题，这就是本书希望与大家探讨的核心内容。具体来说，就是首先要明确什么是服装设计创新思维，继而进一步掌握如何将创新思维运用于设计主题、设计元素以及设计风格的拓展方面，从不同角度、不同层次对服装的各方面进行多方位的尝试。在高速发展的现代社会环境中，创新设计思维在服装设计中的应用显得尤为重要。

本书即将付梓，期待它能帮助新一代设计师们探寻服装设计的创新之道！

中国服装设计师协会　副主席

中国时装设计"金顶奖"获得者

C O N T E N T S

目 录

Part6

Part6

附录

Part 1

第一章　服装设计创新思维

“要是没有能独立思考和独立判断的有创造力的人，社会的向上发展就不可想象。”

——（美国）爱因斯坦

创新设计思维是思考设计问题、解决设计问题的方式，是创新思维在设计上的延伸和具体化过程。它包括对创新性设计思维的类型、特征、方式和规律的探讨，如何结合作品的主要思想而表现出更好的设计理念和提高设计者的创新设计水平，以及如何灵活运用各种创新设计的思维方式。因此创新设计思维是设计者进行创作活动的保障，同时它也是从事服装创新设计需要重点研究的内容之一。

典型的创新设计思维分为“形象思维”“抽象思维”“发散思维”“逆向思维”等设计思维。

一　形象思维

形象思维是指将具体的形象或图像作为思维内容的思维形态，是人类能动地去认识和反映实际的基本形式之一，也是艺术创作主要的和常用的思维方式。形象思维方式通常借助艺术语言和素材来完成艺术作品。艺术语言是创作者体现自我创作构思的技术手段和造型表现手法的总和。形象思维的过程是从印象再到形象逐步深入的过程。艺术语言与各种不同材质和质感的素材结合，充分发挥和利用各种造型语言，按照形式美的规律，合理布局，不断创新和创造，赋予创作丰富的情趣和艺术生命力。

服装设计的形象思维是在对现实生活进行观察、体验、分析、研究之后，将体会到的强烈感情色彩，通过想象、联想、幻想作进一步的总结归纳，运用色彩、素材、造型去塑造完整而富有意义的艺术形象，从而表达自己的创作设计意图。服装设计中通常以模仿、移植、组合、想象方式进行创新。通常通过蕴含在设计作品中的理想形象对感性形象进行设计、去伪存真、由表及里，筛选出合乎要求的形象素材，再在想象基础上将各类元素进行有机结合，使服装设计中的创新得到充分的发挥。

形象思维从事和物的表面形状或色彩切入展开设计的情况较多。自然素材历来是服装设计的一个重要来源。大自然给予我们人类太多的形象思维素材，譬如雄伟壮丽的山川河流、纤巧美丽的花卉草木、凶悍可爱的动物世界等。大自然的奇幻色彩，为我们提供了取之不尽、用之不竭的故事（图 1-1）。

例如，蘑菇的种类有很多，可以从它的外形、内部结构、表面肌理、质感和色彩为切入点展开设计思路。可根据蘑菇的不同形状，设计出高雅的、垂坠感很好的长裙或短裙；根据不同图案和颜色的搭配，设计出一款优雅的服装，适当地加入流行的时尚元素，从而形象地表达设计者对蘑菇的理解与情感（图 1-2）。

图 1-1　形象思维
www.pinterest.com

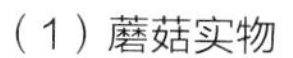

（1）蘑菇实物

（2）艾里斯·范·荷本
（Iris Van Herpen）2011 SS

（3）服装立裁

图 1-2 蘑菇对服装设计中形象思维的启发
www.pinterest.com

二 抽象思维

抽象思维是人们在认识活动中运用概念、判断、推理等思维形式，对客观现实进行间接的、概括性反映的过程，属于理性认识阶段。抽象思维是人们通过体验和思考逐步形成的，它能概括简洁地提炼素材的本质特征，表现素材的精神内涵，从形式上达到似与非似的突变创新。抽象思维设计需要提炼和挖掘素材的深层次表现力，在设计表现上不再现素材的表象，而是浓缩其本质特征以形式的语言再现其深刻的内涵，它是为灵感重组设计视觉语言而演变出的创新设计，一般将其简化或变形为新的实体，达到神似而不是简单形似的效果。经过抽象思维的提炼，甚至可以转化成与其相关的新形象，这种突出其重点形象特征而忽略其真实形状的思维方式，即可认为原始素材被“抽象化”了，也可称为被“风格化”。

创新服装设计所表现的是设计师的观念，突出个性化的风格，因此服装创新设计更关注使用抽象思维来表现作品。在服装中首先要对原有素材的形象进行“破坏性”的拆解，只有变异才能达到抽象化的设计效果。这种“解构”和“变异”再到“重组”的过程都是抽象思维的体现。

抽象思维的设计对象非常广泛，包含了文化艺术、社会动向、民族文化、科技等。各个艺术之间有很多触类旁通之处，与音乐、舞蹈、电影、绘画、文学艺术一样，服装也是一种艺术形式，各类文化艺术的素材都可以给它带来新的表现形式。因此，设计师在设计过程中，将建筑、绘画、民间染色工艺等艺术形式融会贯通是不可避免的，这些风格都给设计师带来了无穷的设计灵感，设计师通过自身的角度再次对其进行解构、变异和重组，以抽象的形式融入服装的每一个细节中，从而表达设计师的创作理念（图 1-3）。

例如，雕塑作品中最重要的材料之一——大理石，作为设计素材以简洁硬朗的线和面提供了抽象几何的多种面的灵感，根据不同角度射入的光线的不同又形成了多种明度变化，分割的线条充满了未来的摩登气息，这类建筑感极强的设计尽显了设计师的奇特灵感（图 1-4）。

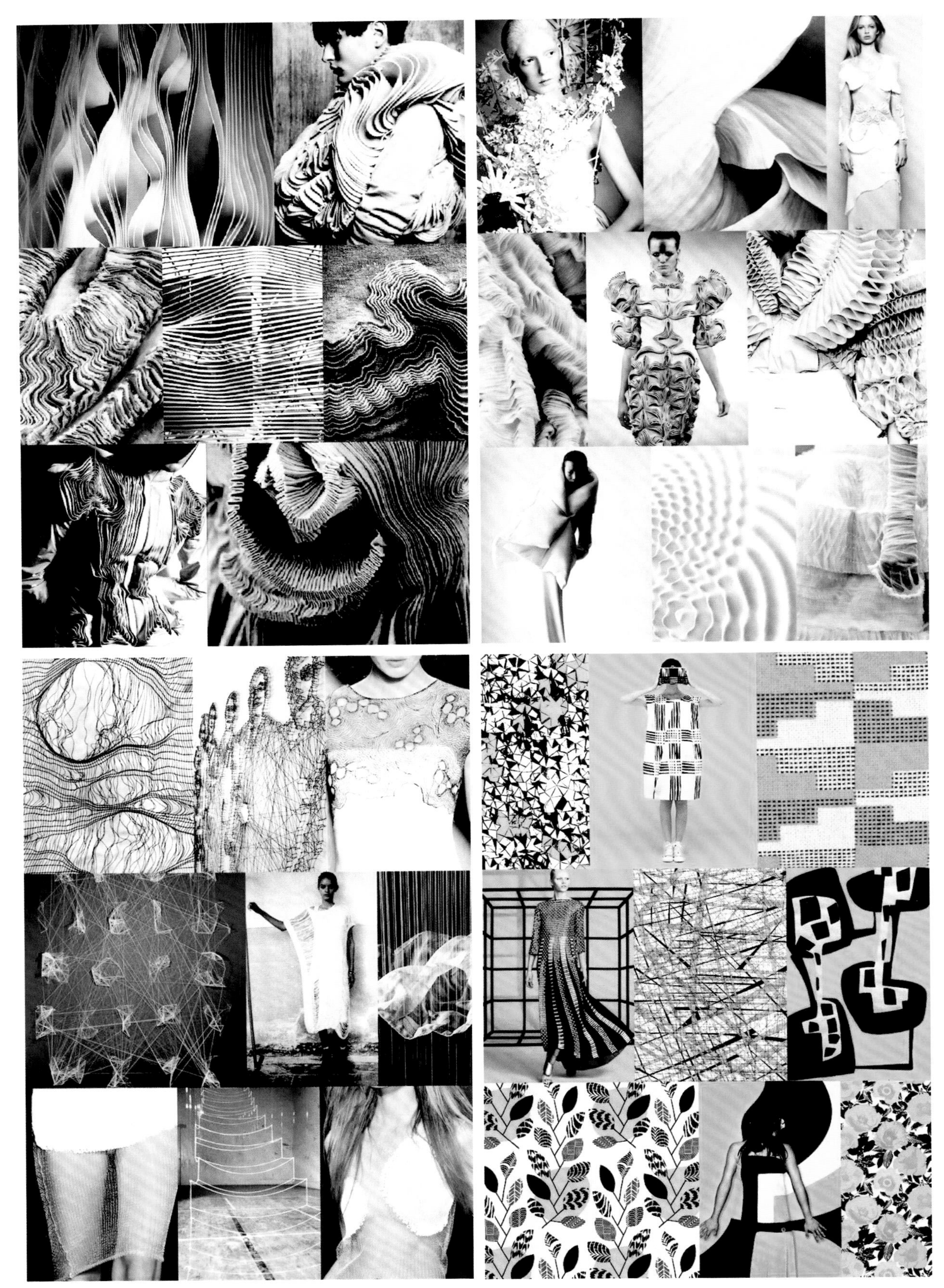

图 1-3　服装设计中的抽象思维
www.pinterest.com

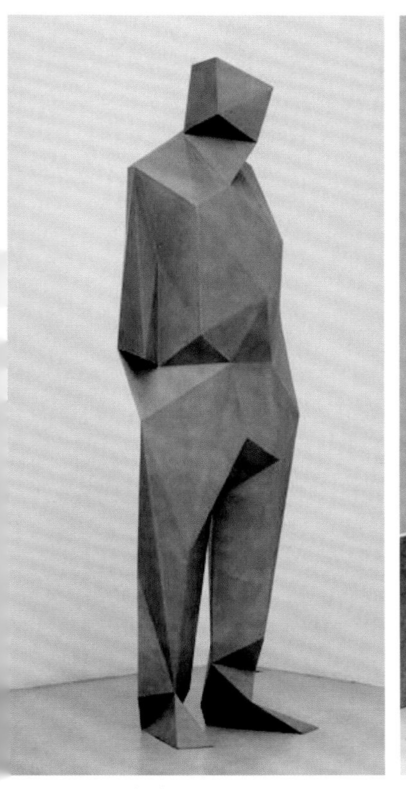

（1）雕塑作品

（2）服装作品 1

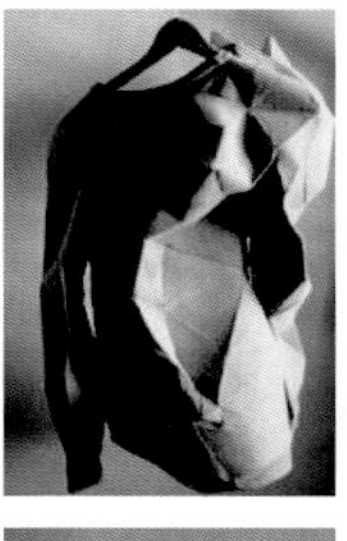

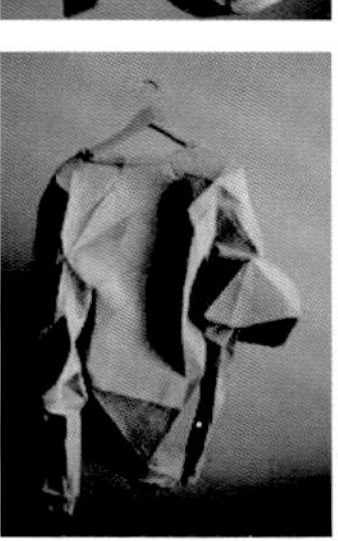

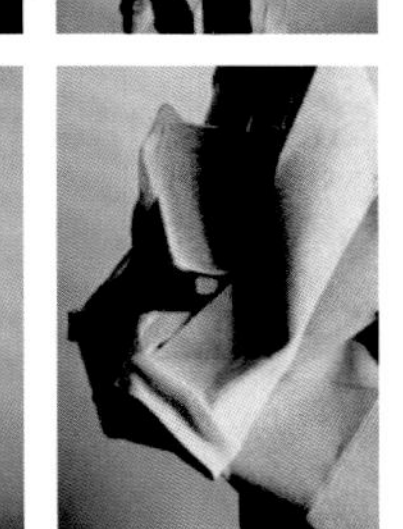

（3）服装作品 2

图 1-4　服装设计中大理石的抽象思维启发
www.pinterest.com

三　发散思维

发散思维是以一个问题为中心向外辐射发散，产生多方向、多角度的创作灵感捕捉方式。发散思维能使设计者从更广阔的范围中创造新的创作灵感素材，所有的艺术创作离不开发散思维，服装设计作为一种艺术创作，也离不开发散思维的启发。这种思维方式不受常规思维方式的局限，而是综合创作的主题、内容、对象等多方面的因素，以此作为思维空间中的一个中心点，向外发散吸收各种艺术风格、社会现象、民族风情、自然物态等一切可能借鉴吸收的设计要素，将其综合在自己的设计中。因此，发散思维方式作为推动设计及艺术思维向深度和广度发展的动力，是艺术设计思维的重要表现形式之一。

在服装设计中，运用发散思维穿越已有的常规思维方式及设计理念，借助横向类比、跨域转化、触类旁通等方法，使设计思路沿着不同的方向扩散，然后将不同方向的思路记录下来，进行调整，使这些多向的思维观念较快地适应、消化而形成新的设计概念。

例如，韩裔中国年轻设计师李东兴（Ximon Lee）获得 2015 年 H&M 设计大奖的作品，其灵感来自一部名为《列宁格勒的孩子》的纪录片及他看过这部片子之后的一次俄罗斯之旅。电影描述的是苏联解体后在莫斯科最大的地铁站之一的列宁格勒站周围流浪的孩子，天气冷时他们只能靠着城市地下的暖气管线取暖。作品中的大廓型，层叠的方式加上解构的剪裁，大量采用经刷色、洗旧处理的复合牛仔面料，其中夹层黏合的材质竟然是由垃圾袋经过处理而来的织构化聚乙烯，都使得整个系列充满实验味道（图 1-5）。

图 1-5 李东兴 H&M 设计大奖作品
www.pinterest.com

再比如，设计师以糖果纸的五颜六色和光滑质感为灵感，将漂亮多彩的色彩运用到服装、时尚包、墨镜中，使服装别具一格（图 1-6）。

图 1-6 糖果纸对服装设计的发散思维启发
www.pinterest.com

四 逆向思维

逆向思维是把原有事物放在相反或相对的位置上进行思考的设计方法。逆向思维的思考角度是以 180° 大转弯形式进行的，打破常规思维方式进行而得出的结果。逆向思维可以带来意想不到的另类设计结果，可以从设计的色彩、素材、造型等设计要素为切入点，也可以把题材、环境、故事、形式作为设计的捕捉点。逆向思维存在于多个领域和活动中，具有一定的普遍性。它的形式更是无限多样，如性质上对立两级的转换，软和硬、高与低等；结构、位置上的互换颠倒，上和下、左与右等；过程上的逆转，从气态变化为液态，电转换为磁等。不论哪种形式，只要从一边联想到与之对立的另一边，就是逆向思维。

在服装设计中，逆向思维的方法较为具体，例如内衣外穿、面料与里料的相反使用、服装前后面的逆向使用、宽松与紧身的逆向等。逆向思维的设计方法需要灵活的应用，不能生搬硬套，设计款式无论有多创新，必须保留服装的自身风格及理念。

例如，混凝土作为建筑材料的一部分只能用于建造房屋时使用，但日前据国外媒体报道，英国的圣菲尔德大学和伦敦服装学院联合研制了世界上第一款具有净化空气功能的服装。这就是一种逆向的思考方式，把可以吸收附近空气中的污染物的“透明”水泥作为主素材设计出礼服，这种建筑材料可以保护空气质量（图1-7）。

在服装设计中细节部分应用逆向思维进行设计，使服装带来新颖时尚感。如图1-8中商标的外贴方式；用在机械或家具中的螺栓和螺母作为设计亮点，在肩部进行连接使服装更有摩登时尚简约之感；服装里衬的透明设计打破了传统服装工艺的制作方式，将服装的口袋布料和商标透过透明里布显示出来，添加了新颖有趣之感。另外，有的图案设计把昆虫放置在服装表面，给服装带来了趣味设计风格（图1-8）。

当然这种灵感的寻找是有一定难度的，并不是每个人都很容易就找得出这种灵感并能以面料再造的方式表达出来。这就要求设计者重视对周边环境的感知，重视生活经历、知识、经验等的积累，同时这个积累的过程，因人而异。设计师可以涉猎天文、地理、绘画、摄影、高科技产品等，要学会从某一个局部或宏观的角度去寻找一种设计师本人想表达的感觉，这个感觉可以很抽象，也可以很具象，关键是看设计师想找到什么样的感觉，设计师实际表达出来的这种感觉和自身想要表达的感觉是否有距离或有多大的距离，这里面有一个从感性到理性的过程。通过每个人的表达，可以看出他在思维上的思考深度，也是一种理论上的自我总结。

寻找感觉的过程是很漫长的，有很多时候是漫无边际的。但是，如果度过这样一个阶段，就会适应这样的方法。而一旦掌握这样的方法，就会从中找到无穷的乐趣。到那时就会觉得身边一切材料都可以给你感觉，无论看到什么，都会有再创造的冲动。

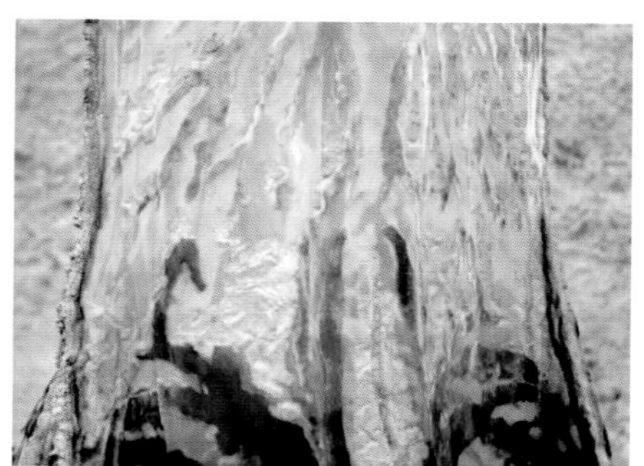

图1-7 混凝土在服装设计中的逆向思维
http://blog.sina.com.cn/s/blog_4a46c39601017x6z.html

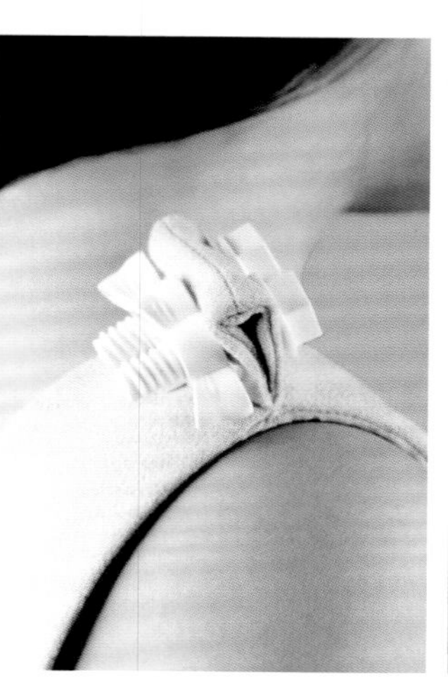
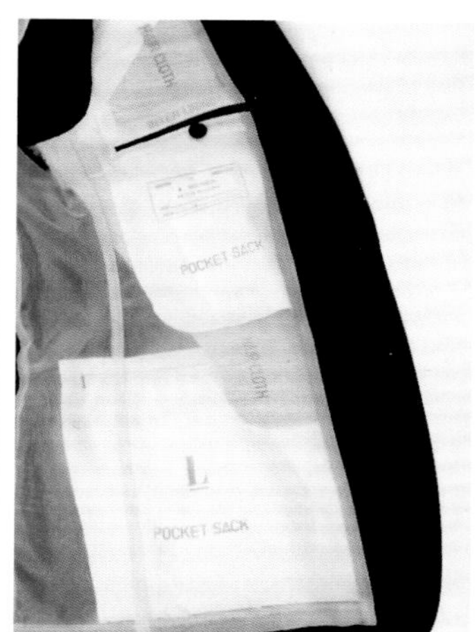

图1-8 逆向思维在细节中的应用
www.pinterest.com

Part 2

第二章 服装设计主题的拓展与灵感

"最杰出的艺术本领就是想象 。"

——（德国）哲学家　黑格尔

对于设计者来说，鲜明的主题为设计师指明了设计方向，为整个设计过程理清了设计思路。在设计图及提案完成之后，主题还为将来的成衣设计奠定了良好的准备基础。好的主题可以为成衣设计提供精彩的创新，包括色彩、面料、款式和风格等。大量的基础研究和对特定主题的深入探讨，是设计师能否创作出大量成功作品的关键。街头文化、艺术作品、建筑物或者文学作品，以及具有历史特点的服装、工艺技术，这些概念都可以经过研究后，运用到服装设计主题中去。

一　服装设计主题的拓展

当设计师想通过服装传达出某种强烈的情绪，保持作品的设计凝聚力，并能够借此明确表达出自己的设计观点，那么设计师则需要运用主题、色彩、面料和服装造型等元素来进行设计，这些都是设计师必须熟练掌握和运用的技术。

那么如何拓展主题，其步骤有三：①为主题和灵感建立起清晰的脉络，然后让设计师选择出他们要深入研究的设计元素，从而营造自己的独特意境。②确定需要进行拓展的设计元素与制作手法，并且确定初稿后，可以思考或者与其他设计师相互学习讨论八个问题：研究的设计框架怎样构建？阐述的主题是否明确？运用了哪种设计风格及理念？它们对主题会有什么样的影响？怎样将理念与设计联系起来？选择的色彩、面料、款式和元素各是什么？这些决定是怎样做出成衣的？工艺手段是什么？③通过思考以上一组问题得出结论后，反观自己的设计过程，从而为之后的设计积累经验，达到烘托和诠释主题思想的目的。

二 服装设计灵感的挖掘

灵感是指设计师在设计过程中的某一时间突然出现精神高度亢奋、思维极为活跃的特殊心理现象，呈现为超越平常水平的创作冲动和创作能力，使设计构思或表达得到升华。

灵感是设计的起源，通过对事物的感触，激发设计师的思绪产生强烈的表达欲望。设计师通过灵感构思进行拓展，收集资料、拟定主题，为整个系列的设计氛围奠定基础。

设计师需要自然而然地去感知一切启发灵感的元素，能够系统并且有条理地对灵感元素进行研究。同时，需要分析最初的研究是如何、甚至在哪里与各种各样的形式和色彩发生关联的。如果设计师已对某个领域有了一定的研究，将其拓展到设计中，就可以通过主题、色彩、元素和廓型等方面的因素来激发灵感。为了清晰地表达主题，设计师需要清楚到底是什么激发了灵感。然后有针对性地运用设计元素，对启发灵感的事物有更深入的认识，并且增加设计的深度。

那么如何寻找设计灵感，发掘尤为重要，有 14 个灵感源泉可供参考：

自然景观、宇宙与细胞、生物、人文景观、民族与民俗、网络传媒、电影与电视艺术、绘画艺术、音乐艺术、文学作品、心理状态、产品设计与生活方式、市场调研、图书收集。

（一）自然景观

设计师可以从自然中汲取视觉感观的灵感。自然中存在的色彩、肌理、形式、图案都能为设计师提供素材。然后可以对自然元素进行直接的展现，譬如参照四川梯田的自然景观进行设计，将色彩作为色板，或者将梯田轮廓作为概念（图 2-1）。自然主题可以从简单原始的方面去展现一

图 2-1　以四川梯田为灵感的服装设计
https://www.pinterest.com

个完整的系列设计，也可以从最新颖和最概念化的角度去展现一个系列。但是，对自然灵感成熟的运用，主要是源于设计师对参考资料的深层含义的理解，而不是进行直接地表现。

设计师需要仔细地研究灵感来源，再用自己的审美来组合重现。这样灵感的来源才可能凸显出来。例如，在服装上直接使用贴画可能就不是对灵感的最佳解读。需要对一年四季的形态、色彩以及景致进行搭配与组合，甚至对生态环境进行研究，这样在设计时才可能不是对大自然外表的直接运用，而是从高度个性化的角度去运用这个视觉元素。

（二）细胞与宇宙

细胞与宇宙作为万物的起源，造就了人类的生命与生存的世界，同时也是设计师探索生命奥秘与设计灵感的来源。浩瀚的银河、色彩斑斓的星球、关于外星人的传说、细胞的运动方式与细胞的组织结构等无一不给设计师以启迪，引人思考。细胞与宇宙的神秘感和未来感带给设计师们莫大的刺激，他们能通过研究宇宙生命的奥秘来感受日常生活中所不能接触到的事物。细胞和宇宙在设计中扮演着未来感的角色，设计师可以通过模拟细胞的形状或宇宙星球的排列来创造出富有奇幻色彩的服装作品，让观看者能享受到前所未有的视觉冲击。设计师克雷格·劳伦斯（Craig Lawrence）在2012年设计的系列作品中将细胞的形状作为设计元素，提取了细胞的外形轮廓，并简化成抽象的形状和线条，运用素材再造的设计方法把灵感应用到服装中，表现出整个系列风格的现代前卫，未来感十足（图2-2）。运用宇宙元素的设计作品非常多，例如巴黎世家（Balenciaga）2015春夏系列，设计师运用太空材料与运动廓型让观看者仿佛置身虚幻的未来设计；还有设计师侯赛因·卡拉扬（Hussein Chalayan）的星空图案也风靡了整个时尚圈（图2-3）。

图2-2 以细胞为灵感的服装设计
https：//www.pinterest.com

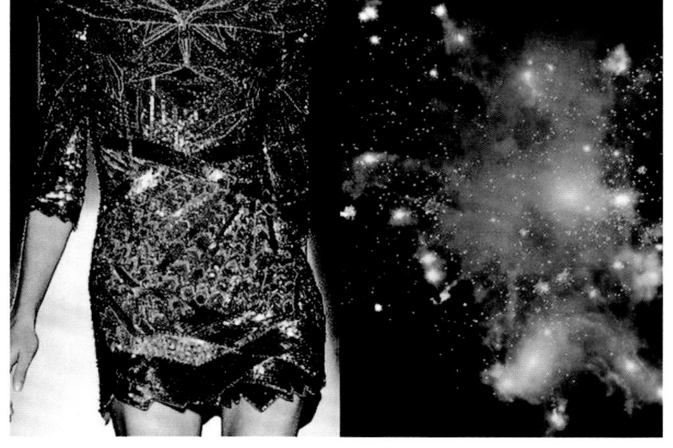

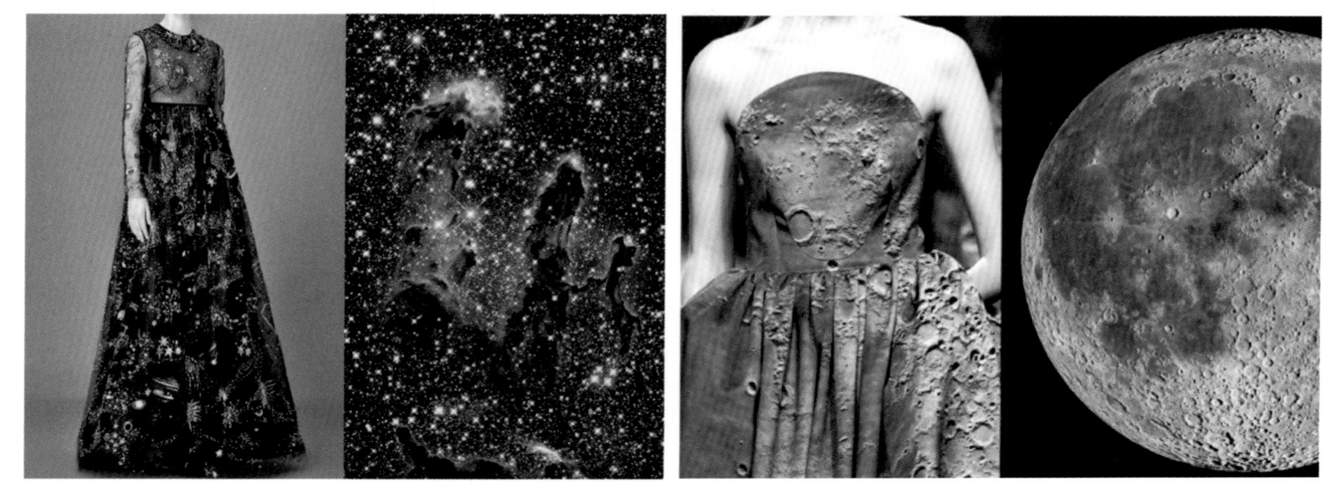

图 2-3　以宇宙为灵感的服装设计
https://www.pinterest.com

（三）生物

大自然在设计领域给予了设计师无限的启迪。自然界中形形色色的生物形象不断地激发着人类的创造力，同时自然界中的各种形态规律得到尊崇，在艺术创作活动中，自然情结依旧挥之不去，设计师能够从自然中不断获得启发和灵感。

自然界中植物形态自身就会形成一种构造美，这是有规律有秩序的一种美，因此说大自然是神奇丰富的。自然界为设计师提供源源不断的灵感来源，设计师也不断地在自然界中发现艺术美、形态美。植物元素在服装设计中就经常出现，如女性服装中常用花卉图案作为装饰，通过对花卉的形态进行分析、研究和解构，设计师可以掌握新的思考方式和造型观念，以独特的视角去观察花卉的自然生长规律，并通过它来进行现代设计。植物是自然界中色彩较为丰富的，外形也有成千上万的样式，并且每一种植物都具有不同的解读意义。同时它是设计师在自然界中最容易触及的事物，而且大多给人非常美好的感受，运用植物元素的设计大多让观看者心情舒畅。

动物皮毛从远古时代开始就被利用到服装面料中，随着现代科学技术的发达和出于保护生态环境以及人性化的原因，大部分动物皮毛形态开始以仿真面料来代替。动物确实能给设计带来充足的设计灵感，譬如鸟、鱼给人自由灵动的感觉，动物则给人野性的感觉。设计师从中吸取灵感，来表达出内心想要陈述的感情，不管是岁月静好的自由悠闲的感觉，还是狂热奔放的情感，都可以从不同的动物身上找到设计点。设计师可以通过观察动物的动态或者是从外形中提取元素，来制作图案和造型。

千姿百态的自然形态是普遍可见的现实，是艺术的原生态，是灵感的激发点，也是艺术形式构成的依据。自然界是最大的艺术资料库，任何设计师与艺术家都应该对自然有敏锐的洞察力。设计元素需要借助于视觉元素来激发想象，设计师需要从自然界中提取视觉元素，体验自然生态中的相互作用的规律，这是艺术创造的重要途径。

自然界是完全有序有规则的，甚至在细微的结构中也是如此，如果要想从中发现问题，就需要设计师对微妙性有所观察，对形态进行放大与分解，以及从其他不同角度去观察它们。总之，设计师要用一种全新的角度去发现形态，从构成的角度去观察自然，那样设计师才会从自然中获得更多启迪。

自然界带给设计师的灵感是无限的，想要充分地用设计呈现出灵感来源，设计师们通常会采用造型模仿的设计方法来体现。造型模仿可以是对灵感造型整体的模仿，也可以是局部的模仿；可以是写意模仿，也可以是近似模仿。

例如图 2-4（1）、图 2-4（2）两款设计都是采取了局部模仿，用轻柔的薄纱面料模拟出水母的透明感，用飘逸的后衣片和肩部的层叠设计准确地表现出水母触须的造型。通过局部的模仿让观看者能第一时间感受到水母与女性的相同感觉，清透、柔美、缥缈，很好地将灵感通过款式表达出来。图 2-4（3）运用写意模仿，提取蝴蝶的色彩纹样与连衣裙款式相结合，穿着者像蝴蝶一样美丽优雅又不失神秘感。图 2-4（4）服装整体的造型模仿了花朵。将布料裁剪成花瓣的形状，模拟花瓣的层次进行缝合，很好地将服装造型与灵感结合。

（1）（2）（3）（4）

图 2-4　以自然为灵感的服装设计
https://www.pinterest.com

（四）人文景观

自人类文明诞生之日起，人对生存环境的建设与改造就无处不在，人文景观包含的内容较多，如建筑、城市、自然环境等。

在人文景观中，建筑是设计师们钟爱的灵感来源，建筑为设计师们提供了风格、色彩、结构、时代、观念等各方面的灵感，如古典风格、哥特风格、文艺复兴风格、洛可可风格、巴洛克风格等。每个不同时期的建筑都有突出的个性风格以及元素，在设计服装时，也能从这些风格鲜明的建筑上找到形状、色彩、结构、纹样、廓型的设计素材。如图 2-5（1）中的悉尼歌剧院就是一个典型的例子，它呈现了概念至上的现代风格，又是音乐艺术的标志。具有典型性的建筑，无论是形式上、还是理念上都提供了源源不断的启发，并且都能转化为时尚。设计师提取悉尼歌剧院的外形轮廓进行简化处理，用精简的线条描绘建筑的造型。服装的焦点集中在胸部，整体造型干净利落，与现代风格的悉尼歌剧院如出一辙。图 2-5（2）中的布拉格歌剧院是捷克布拉格老城区的著名建筑。歌剧院建于文艺复兴时期，内部装饰富丽堂皇，是典型的欧式风格建筑。繁复的建筑风格与高级定制礼服相得益彰，设计师将歌剧院的内部结构运用到礼服的装饰上，增强了服装的层次感，突出了服装既华丽又复古的感觉。不同风格的灵感来源能造就出不同风格的设计。与庄重华丽的歌剧院不同，图 2-5（3）中的马德里文化中心未来感十足，简洁现代。马德里文化中心结合了几何元素与银色反光材料，在建筑内部的结构上进行了突破，富有前卫的时尚感。将其运用在服装上时，设计师采用科技材料完全地模拟了建筑的墙面质感，将楼梯的线条排列改变成斜纹，更突出了身体的流线感。

服装从材料、色彩、廓型三个方面很好地借鉴了建筑的设计特点，让整体造型充斥了建筑的立体感。图 2-5（4）中古根海姆博物馆是著名的现代博物馆之一，它的最大特点在于建筑材料。博物馆的建材使用了玻璃、钢和石灰岩，部分表面还包覆了钛金属，在阳光的照耀下，博物馆的外墙会有波光粼粼之感。设计师也将这一建筑特点搬到了服装的设计上，采用了同样有反光效果的新型材料，加上方块的肌理形状，较好地模拟了建筑的外墙效果，将灵感很好地搬到服装上。

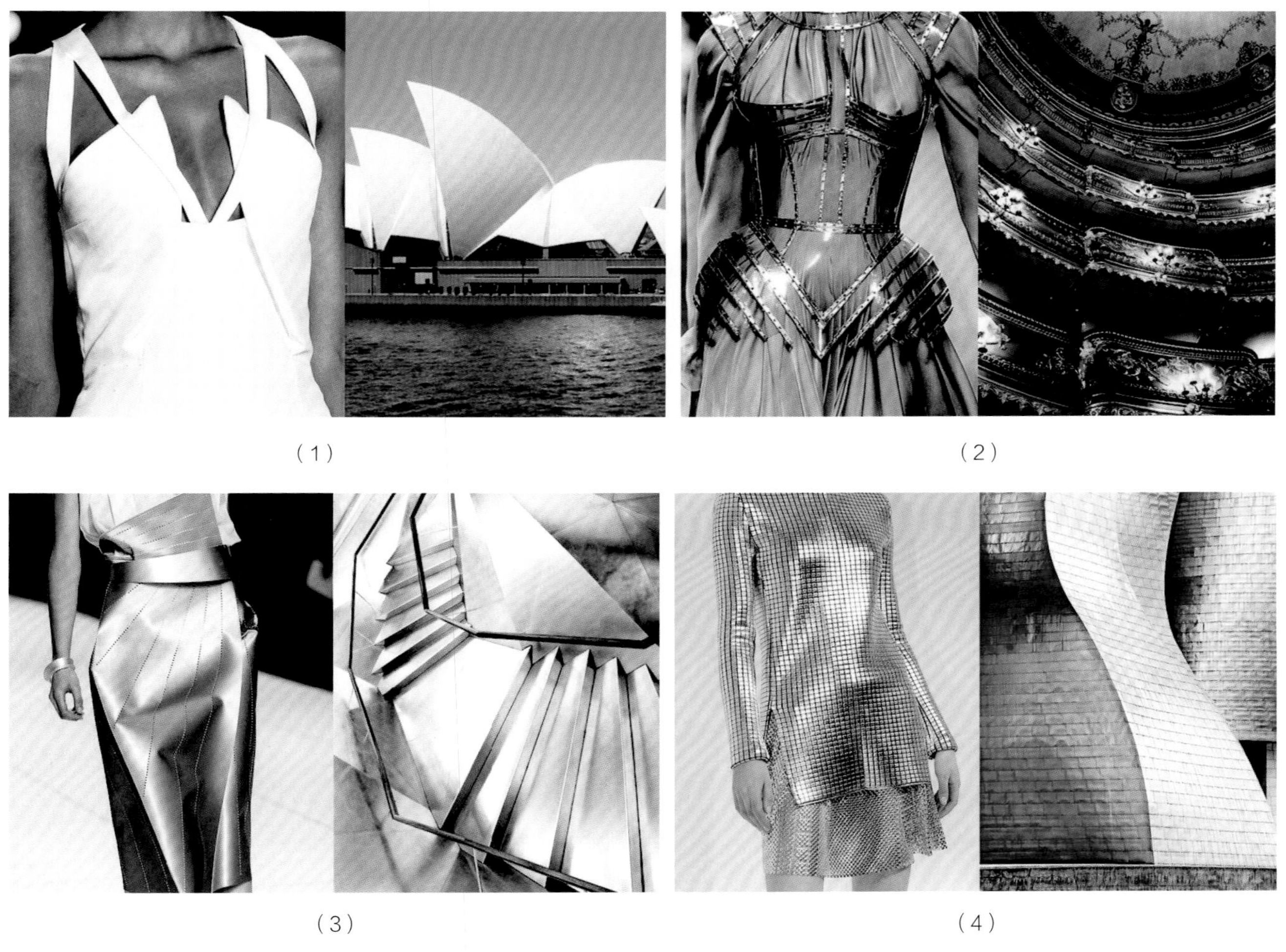

（1）　（2）　（3）　（4）

图 2-5　以建筑为灵感的服装设计
https://www.pinterest.com

（五）民族与民俗

民族背景、民俗文化也是设计师寻求设计灵感常使用的主题之一。

一个社会的服装与穿着者拥有的资源有关，也与一个族群表达他们的社会结构的方式有关。从当前的服装来看，民族服装与民俗服装所具有的各种元素依旧适合现代的设计。虽然它所处的时代较为古老，所以在用途上似乎与现代服装没有任何关系，但是这也使得设计师们能够运用一种非常独特和个性化的方式去阐释他们关注的这个时代，包括某一个时期的造型、细节、面料、色彩、图案、穿着的功能性，甚至服装的定义等。

民族传统文化的色彩、符号和节庆的装饰，都为设计的拓展提供了观念上的参考。服装的款式也会从民族传统服装上汲取灵感。例如，苏格兰的礼服套装、匈牙利的绣花套裙、希腊的百褶短裙以及我国恩施的土家织锦。这些常见的传统服装都会经过设计师的改造运用到现代的服装设计中。

传统民族图案也同样会常被运用到现代服装的设计中去。设计师通过运用一些民俗的元素来表达思想情感和服装风格，因此民族传统文化给服装的设计带来了大量的设计灵感。例如图 2-6（1）中的波西米亚风格图案，波西米亚风格代表着一种前所未有的浪漫化、民俗化和自由化。色彩浓烈、设计繁复，带给人强劲的视觉冲击和神秘气氛。花卉与无规则的刺绣图案集中在胸口、袖口、裙摆的边缘，让服装风格独特、超凡脱俗。中国风的图案大多具有代表性，龙纹、云纹、花卉是最为常见的［图 2-6（2）］。此类图案大多运用在极具东方风格的礼服上，服装整体大气端庄、华丽优雅。哥特风格的教堂玻璃花窗也是设计师们最爱的设计灵感之一［图 2-6（3）］。古代教堂的花窗色彩浓郁，形状复杂，内容考究，大多以宗教为主题。由于图案色彩繁复，所以多用于廓型简单的服装上，款式实用但风格独特。此外，中东风格的所有主色都带有灰色调［图 2-6（4）］，喜欢大拼色。服装图案以花卉、抽象几何图案为主，花纹细密繁多，有着复古高贵之感。

（1）　（2）　（3）　（4）

图 2-6　以传统民族图案为灵感的服装设计
https://www.pinterest.com

（六）网络传媒

网络传媒是指继报纸、广播、电视之后的因特网和正在兴建的信息高速公路开始加入到大众传播行业。从传播手段来看，网络媒体兼具文字、图片、音频、视频等现有媒体的全部手段，可以称之为全媒体。大众都可以将信息利用网络发布，同时这也是一个广告的大型载体，正因为其传播手段的全面性，它的传播功能几乎可以超越此前的所有媒体。

同时，它在时间上的自由性、空间上的无限性，使之在传播条件上突破了许多客观因素的限制，向受众提供较即时、较充分的资讯。此外，它的易检性与交互性还大大拓展了其服务功能和互动效果，成了受众容量最大的资料库和可参与的公众媒介。随着现代技术的发展，人们自我发布信息的条件将更加完善，越来越多的普通人会自由采集和发布信息。

服装设计随着网络资源的介入，设计风格和设计理念也随之发生了一定的变化：从资料的收集阶段到设计风格的界定、设计的最后定稿阶段，整个设计过程都与网络有着直接或者间接的关联。网络特点和网络文化给人的生活带来便捷，进而再从设计角度入手，一一对照网络的特点深入研究。网络会给服装设计师的设计提供更为便利、全面的资料，也能使设计者迅速进入国际服装设计的轨道，可以使设计师们更安全、有效地找到自己所需要的设计素材及图片资料，发现世界范围内的设计共鸣者，进行完美互动，拓宽思路，使设计构思更加清晰。

设计师们可以通过浏览各大时尚网站找到需要的设计资料，例如 YOKA、VOGUE、ELLE、HAIBAO（图 2-7）等网站。时尚网站会及时更新秀场讯息、搜集优秀的街拍搭配，同时也会发布当季的流行趋势，是设计师工作时必不可少的工具。

图 2-7 提供灵感源泉的各大时尚网站

（七）电影与电视艺术

电影艺术是将艺术与科学结合而成的一门综合艺术，它以画面为基本元素，并与声音、人物、场景共同构成电影基本语言和媒介，在银幕上创造直观感性的艺术形象和意境。电影的主要样式有故事片、纪录片、科教片、美术片等，其中故事片可划分为多种类型。

电视艺术属于大众传播媒介，即有传播新闻信息的功能，也有艺术的功能和娱乐的功能，电视艺术分为电视剧集、娱乐文艺、纪录片三大类。

电影艺术与电视艺术在审美特征上有很多相似之处，既是综合艺术，又具有独特的审美特征。

自 20 世纪 60 年代以来，电影和流行文化就紧密地结合在一起。如马克·雅可布（Marc Jacobs）2011 年的春夏系列灵感就来源于电影《出租车司机》（*Taxi Driver*）。宽大的草帽与艳丽的服装模仿了电影女主角的造型。设计师延伸了电影作品，并充分利用，表现出了电影女主角少女的可爱与性感，让服装有了人物性格，从而增强了服装的表现力 [图 2-8（1）]。普拉达（Prada）2011 春夏作品灵感同样来源于电影，秀场上模特的妆容、发型以及服装风格都借鉴了电影《Zou Zou》中主角的形象。模特的波浪发型与华丽服装诠释了巴洛克精神，将电影的风格延续到了秀场 [图 2-8（2）]。

当设计师将电影艺术与电视艺术作为设计灵感时，应考虑那些造就经典款式的各个方面的构成因素。色彩、灯光、道具、情境和各种视觉线索，能够帮助设计师确认某种特殊的氛围，并在研究上拓展更多的方向性和创新性。设计离不开创新，创造非凡是设计工作的全部意义所在，它贯穿于整个设计活动的始终。

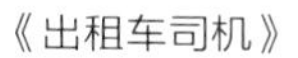
《出租车司机》 马克 · 雅可布 2011 S/S

（1）

《Zou Zou》 普拉达 2011 S/S

（2）

图 2-8　以电影艺术与电视艺术为灵感的服装设计
https://www.pinterest.com

（八）绘画艺术

绘画是最常见的一种艺术表达形式。绘画的种类也多种多样，风格形式也不同，不同年代的绘画所表达的情感也具有不同的时代意义。设计与艺术是紧密联系的，设计创作出的是艺术品，艺术的表达也是设计创造。

绘画在表达形式、色彩、肌理、图案、思想上能带给服装设计莫大的启发。设计师在欣赏美术作品的时候能很直观地感受到强烈的艺术氛围，从而很容易就能激发出艺术创作灵感。设计师运用绘画元素的案例较多，如玛切萨（Marchesa）2017 年的春夏作品 [图 2–9（1）]。运用了艺术家雅克 · 亨利 · 拉蒂格（Jacques Henri Lartigue）的作品《金鱼吹》（*Gold Fish Blow*）。通过两种不同质感的面料来表现油画颜料堆积的粗糙感和画中鱼缸的反光感。这幅作品色彩柔和清丽，金鱼的颜色点亮了整幅作品，运用于贴身礼服可以充分地表现出少女的淡薄柔美。宗教文化对设计师的启发巨大，华伦天奴（Valentino）2014 年的春夏系列就把著名油画《伊甸园》[图 2–9（2）] 搬上了高级定制秀场。裙摆作为画布，将油画图案作为印花装饰，灰色面料与淡雅的油画色彩搭配相适宜，非常符合品牌宫廷风格和具有的罗马贵族的气息。用服装讲述了《圣经》中最美妙的故事。杜嘉班纳（Dolce&Gabbana）2008 年的春夏系列 [图 2–9（3）] 也同样将著名油画作品搬上了秀场舞台。粗犷之感的立裁造型与莫奈《睡莲》中细腻的笔触相碰撞，让静谧的睡莲充满活力。

根据绘画的种类不同，展现出来的服装风格也不尽相同。古典油画表现出复古的服装风格，当代艺术绘画更能展现前卫的服装风格。设计师在欣赏不同绘画的同时，也为服装风格奠定了基础。图 2–9（4）中的服装与油画如出一辙。从服装造型上借鉴笔触，其色彩的比例搭配也与画作相近，很好地将油画的各个部分分别运用在服装上，整体造型和谐，极具艺术感。

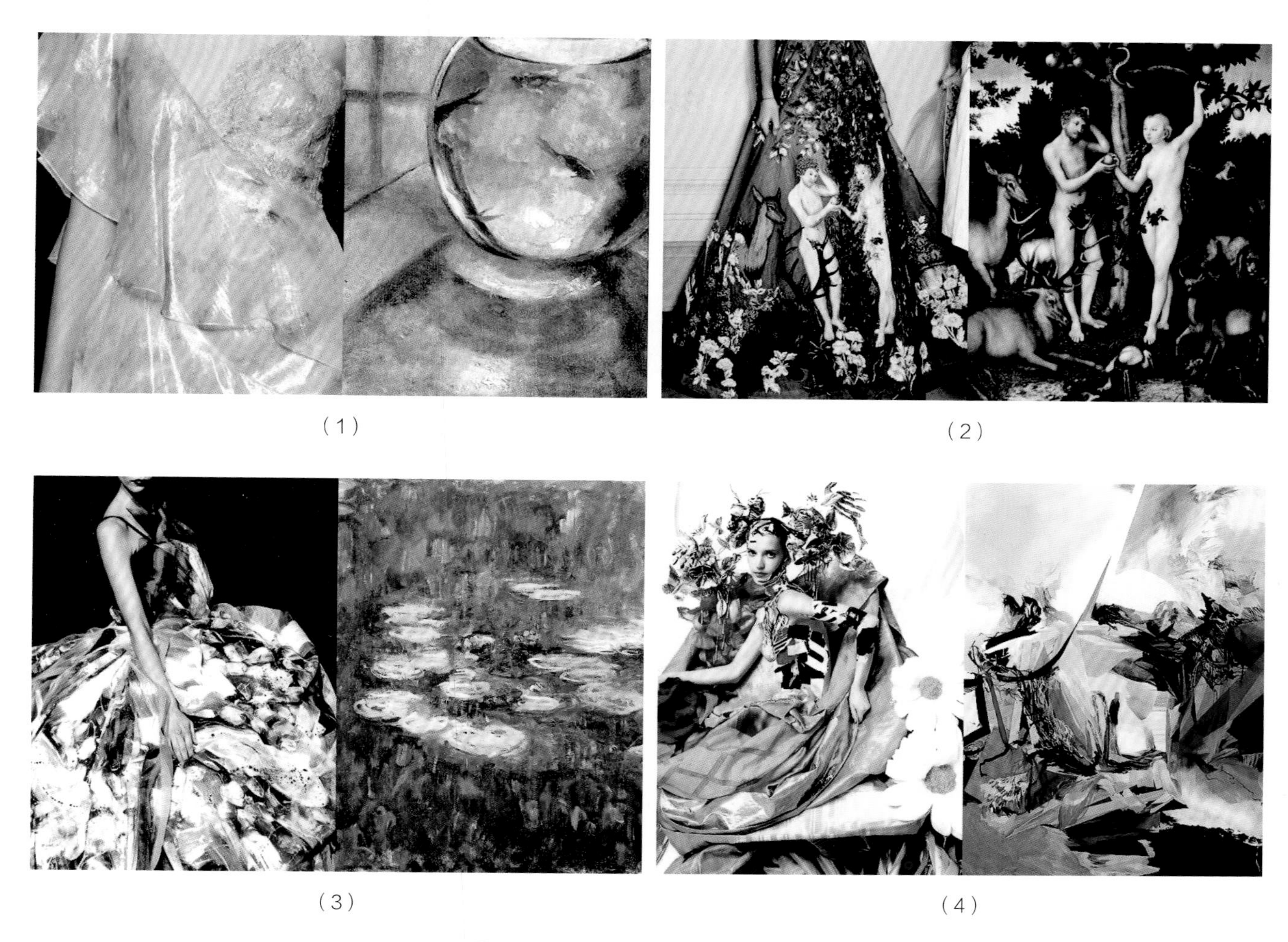

（1）　（2）

（3）　（4）

图 2-9　以绘画艺术为灵感的服装设计
https://www.pinterest.com

（九）音乐艺术

音乐艺术是以人声或乐器声音为材料，通过有组织的音乐在一定时间长度内营造审美情境的表现性艺术。音乐艺术以旋律、节奏、和声、配器、复调等为基本手段，以抒发人的审美情感为目的，具有较强的情感表现力和情绪感染力。

旋律是音乐最主要的表现手段，它把高低、长短不同的音乐按照一定的节奏、节拍等组织起来，表现了特定的内容和情感。旋律是最富个性色彩的、也是最富有风格化的一种表现手段。

节奏是指音响的长短、强弱、轻重等有规律的组合，它是旋律的重要组成部分，也是乐曲结构的主要因素，使乐曲体现出情感的波动起伏，增强了音乐的表现力。

服装是流动的艺术，音乐是艺术的流动。服装设计的灵感和创作与音乐紧密相连，一首动听的曲子可以给设计师无限的遐想，进而将这种感觉展现在设计作品当中，一切艺术源头都是相互关联。设计师应当发掘乐感，并且将其融入设计思维中，使优秀的设计作品如同音乐一般流入观看者的内心。音乐具有娱乐性、地域性、象征性、宗教性，设计师从中获得的灵感是一种心理上的感触，并不是实质上的色彩或造型。

不同风格的音乐能带给设计师不同的灵感。设计师欣赏各种乐曲产生出共鸣，从而根据音乐所表达的曲风、情感，或是歌词内容找到情感的突破点，从而通过自己的设计来回应歌曲带来的感受。

巴黎品牌 Each x Other 的 2018 年春夏［图 2-10（1）］系列有着朋克风的前卫酷感。鞋子与颈部的配饰是朋克乐手的典型装扮，黑色的爱心与毒蛇图案既黑暗又浪漫，让原本激进的朋克风充满了高级的时尚感。设计师用

（1）Each X Other 2018 年春夏

服装造型表达音乐风格，用图案印花讲述朋克音乐的灵魂，很好地让时尚与音乐统一。不同于朋克风，摇滚风是狂野与离经叛道的代表。吉普赛运动（Gypsy Sport）2018 年的春夏系列［图 2–10（2）］用模仿海报纸的面料和粗犷的服装结构诠释出摇滚音乐的疯狂。整体造型有着强烈的视觉冲击效果，如同摇滚音乐给人的感觉，充满力量。奥利弗·泰伊斯肯斯（Oliver Theyskens）2018 年的春夏系列［图 2–10（3）］则用款式简洁的黑色皮质连衣裙表达了哥特式音乐的黑暗冰冷。服装造型简单，金属装饰扣与分割线是整个服装的亮点。设计师用现代的设计方法延伸传统哥特风服装中的公主线以及腰封金属扣，既有复古的感觉又有现代音乐的躁动。现代音乐中最具有代表性的就是电子音乐。帕科·拉巴纳（Paco Rabanne）2018 年的春夏系列［图 2–10（4）］用流苏长裙来模拟电子音乐无规律的声波，充满动感与活力。光面皮质褪去距离感给人年轻的感觉，就像舞厅里的迪斯科舞曲复古迷幻。

（2）吉普赛运动 2018 年春夏

（3）奥利弗·泰伊斯肯斯 2018 年春夏

（4）帕科·拉巴纳 2018 年春夏

（5）五线谱

图 2–10　以音乐艺术为灵感的服装设计
https://www.pinterest.com

（十）文学艺术

文学是一种以语言或文字符号为物质手段，打造艺术形象，再现现实生活和表达艺术家审美意识的一种艺术。文学是想象的艺术，包括小说、诗歌、散文、戏剧文学、电影文学等样式。由于语言形象的间接性，文学作品比其他艺术更能提供给读者想象的空间和再创造的余地。

文学作品通过描写人物的音容笑貌、服装风格、言谈举止等来表达内心世界。例如张爱玲笔下的人物 100 个读者会有 100 个不同的形象特征，可以通过联想和想象去丰富艺术形象。

文学与服装之间的联系就像是前者在描述故事情节时衍生出了主线剧情，类似精神内核与具象化之间的联系。博柏利（Burberry）2017 年春夏以服装的形式演绎了文学作品的时代感和文艺气息，灵感取自英国传奇女作家弗吉尼亚·伍尔芙（Adeline Virginia Woolf）的小说《奥兰多》。其主人公奥兰多本是伊丽莎白一世（Elizabeth Ⅰ）时的贵族美少年，因获得“不老不死”的能力，神奇地横跨 400 年，完成了从 16 世纪的男性到 20 世纪的女性的转变。这一角色跨越了多个时代以及性别，其风格也模糊了博柏利在“过去与现在”“男性与女性”方面的设计。在这次的设计中，极具古典主义风格的拉夫领、荷叶边、羊腿袖等元素都极具时代特色。这似乎也验证了，服装的本质通常倾向于通过描述抽象内容的形态来建立新的历史时期，如同将过去年代的文化以服装或以想象后的具象化方式，来强调故事的历史面（图 2–11）。

图 2–11　以文学艺术为灵感的服装设计
https://www.pinterest.com

（十一）心理状态

艺术创作是一种复杂的精神活动，它既以形象思维为主，又离不开抽象思维和灵感思维。艺术需要灵感，人类的进步和发展都离不开这种思维模式，所以千百年来人类不停地对这种思维进行研究。

情绪具有丰富性和多样性。服装设计作为艺术设计的一个表现形式，经常会展现令人震惊的作品。设计师需要采集最能表达情绪的素材与手法，来最大化地把心理状态转化为实物。设计师情绪压抑时可能会创作出一些黑暗或者极具爆发力的作品来表达或发泄情感，而情绪愉悦的时候可能会创作一些鲜活明快的设计。心理状态可能会很直接地影响创作出来的作品基调。当然在设计时也会有情感爆发的时候，这时设计师需要抓住情绪点，遵循内心的想法，即兴地画出设计手稿。

艺术创造是一种内心情绪的表达或宣泄，当获得这一心理状态的时候，便会突然之间有茅塞顿开之感，不可遏制，妙笔生花。设计师不但要培养日常生活中的观察能力，在生活中收集创作材料，更应该学会记录自己的日常情绪。记录手法可以是拍照的形式，也可以是笔录的形式。总之在有强烈情绪时，可以明确地留住当时的情绪作为以后设计的灵感来源。

设计师根据自身的情绪、境遇设计出的服装必然会赋有情感。如悲伤时设计师可能会设计出紧身、简洁的服装来表达内心的焦灼感与难过。[图 2–12（1）] 服装从视觉上带来的窒息感能够让观看者更直接地体会设计师的内心情感并产生共鸣。如此，焦虑时会通过黑色的服装来吐露内心的不安 [图 2–12（2）]；惬意时会通过色彩淡薄、廓型松散的设计来表明内心的放松与舒适 [图 2–12（3）]；慵懒时通过通透轻薄的服装来写意空虚与悠哉 [图 2–12（4）]。情感不仅能赋予服装灵魂，同样也是设计师表达自身感受的途径。

（1） （2） （3） （4）

图 2-12 以心理状态为灵感的服装设计
https://www.pinterest.com

（十二）产品设计与生活方式

服装作为人类生活必需品，具有艺术感之外还应具有实用性，需要贴合市场以及消费人群的需求。设计师之所以不同于艺术家，是因为设计并不是纯粹的艺术，如包豪斯设计主张中提到，设计的目的是人，就是为人而服务。它是通过综合艺术美感和生活需求，来设计出能使用的物品。

设计并不是天马行空的创造，而是在有限的范围内做能做的设计。设计师可以结合市场需求或针对某一种独特生活方式的人群，并且有针对性地进行市场调查研究，来设计符合人群需求的产品。设计师可以通过市场调研观察人们对服装的需求，从而通过这些需求去设计满足消费者的服装，同时填补服装市场上产品的不足。

设计师需要明确服装的基本属性与穿着性，如只做纯粹艺术品般的设计而忽略穿着者的舒适性，那么服装就违背了本该有的用途。很多功能性强的服装就是从实用性出发，满足穿着者的各种需求，尤其是运动风设计品牌更会把设计点着重放在可穿性上。例如采用运动服面料[图 2-13(1)]、增加口袋数量[图 2-13(2)]、一衣多穿[图 2-13(3)、2-13（4）]，从细节上增加服装的实用性，同时保留服装的美感。所以设计师需要有对生活的敏感度和对市场的充分了解，从而寻找设计灵感。

（1）Sacai 2017 春夏

（2）Y-3 2017 春夏

（3）Cottweiler 2018 春夏

（4）D.Gnak 2018 春夏

图 2-13　以实用性为灵感的服装设计
https://www.pinterest.com

（十三）市场调研

服装市场调研就是对服装市场的调查研究，服装市场调研的目的就是通过观察和调查了解服装市场现状，运用科学的方法和手段收集相关信息，研究分析存在的问题，并做出下一季产品生产与营销的预测，以达到服装产品适销对路、抢先占有市场的目标。服装设计师作为企业中的重要负责人之一，每个季度必须安排几次有目的性的市场调研，以便及时了解市场和把握市场，做到设计时心中有数。

在市场调查中带着思考和任务进行，服装市场调研一般具有两方面特点。

（1）要从现有的事物中发现问题，并找出解决问题的方法和对策；

（2）要根据现有的事物状态预测未来，为下一步的产品设计或品牌发展制定计划。

市场调研一般分为调查和研究两个阶段，前期的调查是研究的前提和基础，目的在于搜集相关资料等信息；后期的研究是调研的关键和价值所在，是对调查信息进行梳理、提炼和寻求解决方案的过程。市场调研是了解目标消费群的重要渠道，设计师若想让自己的产品畅销，就需要不断地了解目标消费者的消费趋向、需求变化及对产品的期望，来决定以何种方式、开发怎样的新产品，从而更好地满足消费者的需求。同时也可以通过市场调查了解区域市场的需求信息、同类产品的经营状况，从而制定有效的产品研发计划。

根据设计师的工作需要，调研的内容主要集中在服装品牌、产品信息、消费需求、时尚信息四个方面。在服装品牌的调研中，设计师可以进行多个品牌的比较研究或单一品牌的专门调查研究。具体调研项目内容可以参照表 2-1，

表 2-1　品牌经营状况调查

	项目		项目
1	品牌的名称来源 / 所在地 / 价位 / 品牌定位	7	广告投入及宣传情况
2	产品风格 / 款式特点	8	形象代言人情况
3	主要面料	9	专卖店经营特点
4	主要色彩	10	营销策略及特色
5	设计师情况	11	品牌优点 / 缺点
6	产品生产及运作情况	12	建设性意见

根据调研的目的进行调整和增减。可以采用观察法、访谈法、文献法结合的调研方法，搜集所需要的相关资料，并对资料进行分析研究。

对消费群体的年龄结构、职业特征、生活方式、消费行为、消费结构、消费需求等基本情况进行了解，并把握这一消费群体随时可能出现的新生活方式、新价值观念、新衣着需求等变化。时尚信息的调查是设计师进行市场调研的最主要部分，包括服装流行信息调研和时尚信息调研，是指对生活与时尚相关的信息进行调查研究，以及产生对现阶段社会现象与服装流行变化的因果关系的理解（图 2-14）。

图 2-14　服装市场调研

（十四）图书收集

各种书籍是调查收集各种灵感来源的重要载体，是获得流行资讯信息的快捷而有效的手段。各种书籍、期刊等提供的信息，几乎包括了各种服装灵感来源及设计元素，以及服装流行行业中各个层面的相关信息与知识。这些信息对服装历史演变、民族风情、自然生态、人文艺术、科技、消费者生活方式、流行信息的研究与报道等都具有最全方位的信息量和准确性。

各种图书是收集服装创新设计灵感素材的第一步，在设计前期工作中担任着极其重要的角色。图书可以分为专业理论图书，针对设计行业人员的专业设计图书，针对大众消费群体的消费时尚期刊，跨专业的艺术、人文、科技、生活方式图书等。

目前，市场上可以搜寻到的服装资讯刊物非常多、分类很细。它们大致分为专业流行趋势研究机构发布的一年两次或四次的流行趋势报告、专业设计工作室根据未来一段时期内的流行发布做出的设计作品手稿、图片，公司或个人组织发布的汇集的画册等三种。

时尚期刊包括专业时尚期刊与各种大众类时尚生活期刊。这类期刊研究流行市场，提供流行趋势信息；以生动活泼的语言方式传播信息，解释流行时尚新闻；指明最新流行的服装以及最有效的搭配方式；提供过去的流行风格作为资料并且刺激流行创新的滋长；有时进行消费者调查，分析读者的组成、兴趣与习惯、消费情况、人口统计等方面的资料给商家作为参考；同时也为与时尚的相关产品做广告宣传。

其他跨专业期刊中也可以多方面、多角度地收集到艺术、家居、科技、人文等相关行业的最新资讯，这些都可能成为服装创新设计的灵感来源和切入点，对服装与时尚领域造成一定的影响。通过这类杂志的接触，我们可以了解到经济、文化等信息，这些信息可以了解到目前的经济大环境，也可以了解到商业层面的运营状况以及对某些公司的竞争能力做出正确的判断。

总之，以上 14 种设计灵感的挖掘，可以根据设计师对灵感的敏感度来激发设计理念和元素的应用，扩展创新思维能力。设计师在运用形象思维和抽象思维的基础上，意识和无意识的相互作用会产生灵感。“灵感”是一种独特的思维活动，它长期潜伏于设计师的潜意识之中，是在长期感性积累的基础上出现的由感性到理性的飞跃，由潜意识到意识的突然闪现。正如俄国著名画家列宾（Iya Yafimovich Repin）说：“灵感是这样一位客人，他不爱拜访懒惰者”。

Part3.

第三章　服装设计元素与方法

"有创新性的人是属于自我实现的人。"

——（美国）马斯洛

元素（Element）指自然界中一百多种基本的金属和非金属物质，它们只由一种原子组成并又单独地或组合地构成一切物质。设计元素（Design Element），相当于设计中的基本符号，是设计手段的基本单位，也是服装设计的关键要素。根据设计主题和理念使元素应用到作品中去，融入服装结构中去，是创新设计中不可或缺的、激发设计思维的重要手段，赋予了作品生命力。

一　服装设计元素

服装设计元素包括了明线、蕾丝、流苏、拉毛、拼色、印花与染色、刺绣、综合材料、零部件等。设计元素的运用一般都以实用性为目的，后来衍生为装饰美观的艺术表现手法。

（一）明线

明线是缝制在面料上的一种工艺手段，起到加固作用，也可起到装饰效果。明线可分为单明线、双明线和多明线，多用于休闲装和运动装中。明线中的接口缝线是在服装的接口缝或止口沿边，等距离地缝上一道或几道线迹作为装饰，也有运用嵌线作为装饰，这些装饰线又俗称为"缉明线"或"压明线"。它是一种缉线装饰，是最简单、最常用的缝纫装饰工艺（图3-1）。

（1）鄞昌涛（Andrew Gn）2018 春夏

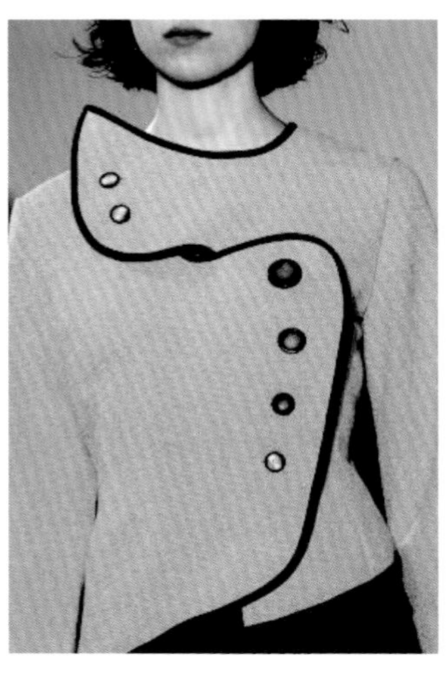
（2）安妮·索尔·马德森（Anne Soile Madsen）2018 春夏

（3）爱马仕（Hermes）2018 春夏

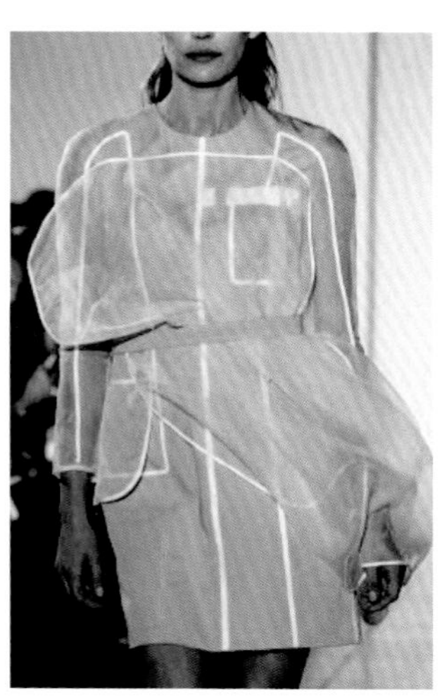
（4）安妮·索尔·马德森（Anne Soile Madsen）2018 春夏

图 3-1 明线
https://www.taobao.com

（二）蕾丝

蕾丝是一种网眼组织，最早是由钩针手工编织而成，西方在女装特别是晚礼服和婚纱上使用广泛，18 世纪的欧洲宫廷和贵族男性在袖口、领襟和袜沿也曾大量使用。蕾丝的织法通常是在已经准备好的织物上以针引线，按照设计进行穿刺，通过运针将绣线组成各种图案和颜色，这些图案或古典或抽象，成为服装上重要的设计元素。现代已经有很多种类机织的蕾丝。蕾丝作为自古以来重要的设计元素，有着丰富的文化内涵。蕾丝可以作为服装的一种面料，比如黑色蕾丝装、夏奈尔春节的白天鹅蕾丝裤、阿玛尼的红色窗花蕾丝裙，同样带有强化女性身份角色的意识特征。

蕾丝经常作为一种辅料用于服装设计中，如用于荷叶裙边的修饰、衬衣上的小巧蝴蝶结以及袖口、领口、裙摆等部位的装饰。并且，蕾丝还是婚纱和内衣设计中最常见的服装辅料，服装上使用蕾丝可以使服装显得柔美，并且富有设计美感（图 3-2）。

（1）纪梵希（Givenchy）2018 春夏

（2）缪缪（Miu Miul）2018 春夏

（3）詹巴迪斯塔·瓦利（Giambatlista Valli）2018 春夏

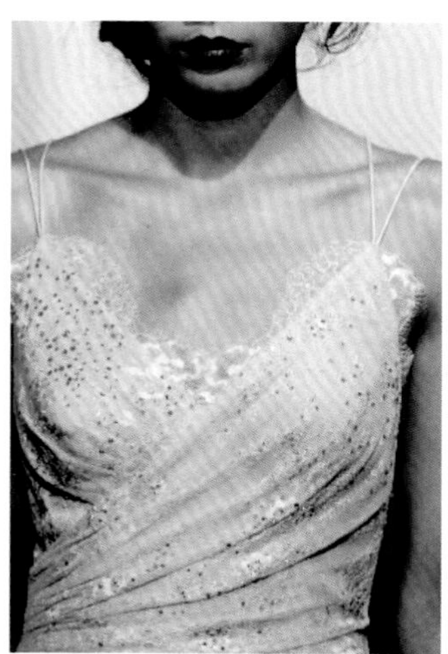
（4）（Guilarme）2018 春夏

图 3-2 蕾丝
https://www.taobao.com

（三）流苏

流苏起源于18世纪的欧洲贵族皇室，之初主要作为窗帘、抱枕、灯饰、布艺沙发等高档家私中的装饰。随着历史的发展，流苏逐渐走进了普通百姓的家里，成为重要的花边辅料之一。流苏体现的这种独特的民族风，流离烂漫。尽管时尚界风起云涌，设计师推陈出新，但每季都有那么一群民族风的簇拥者，轮换着使用不同的民族风情做文章（图3-3）。

（1）艾莉·萨博（Elie Saab）
2018春夏

（2）巴尔曼（Balmain）
2018春夏

（3）莲娜丽姿（Nina Ricci）
2018春夏

（4）高桥盾（Undercover）
2018春夏

图3-3 流苏
https://www.taobao.com

（四）拉毛

拉毛工艺也叫“起绒”，其效果自然质朴，具有飘逸的视觉效果（图3-4）。拉毛工艺采用拉绒设备，运用钢针辊筒将织物纱线中的纤维拉出来，形成表面的绒毛效果，具体产品有绒布、银羟呢之类的。

（1）克里斯汀·万诺斯
（Christian Wijnants ）
2018春夏

（2）亚历山大·麦昆
（Alexander Mcqueen）
2018春夏

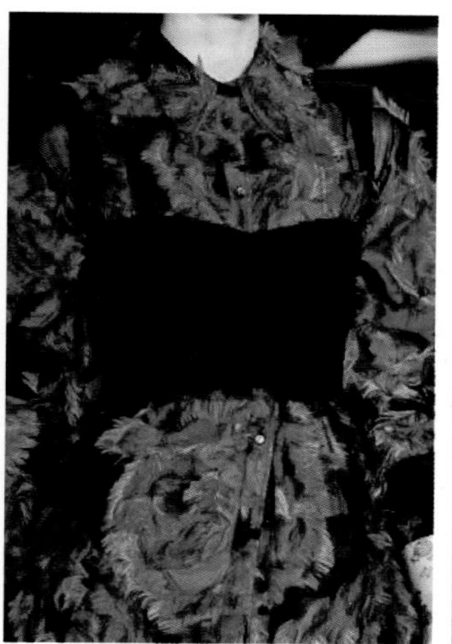

（3）伊曼纽尔·温加罗
（Emanuel Ungaro）
2018春夏

（4）巴尔曼
（Balmain）
2018春夏

图3-4 拉毛
https://www.taobao.com

（五）拼色

拼色是一种复杂、细致且重要的设计元素，设计师除了应具备色彩基本知识、敏锐的辨色能力外，还应掌握拼色基本原理、规则等。拼色主要应用于运动装和休闲装，设计师可以通过颜色的排列营造出想要表达的氛围（图3-5）。

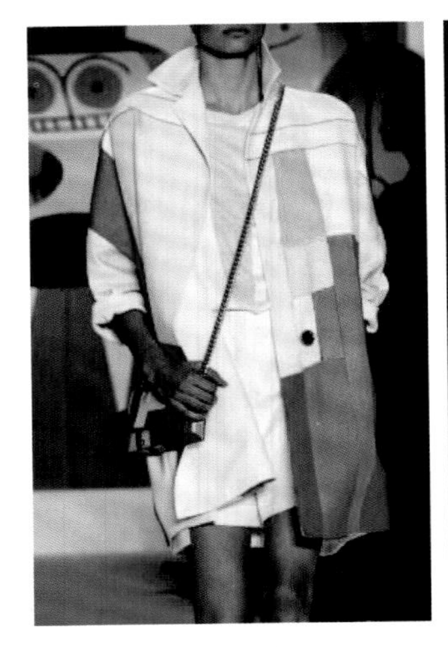

（1）艾克瑞斯（Akris）2018春夏

（2）伊斯特班·科塔萨尔（Esteban Cortazar）2018春夏

（3）赛琳（Celine）2018春夏

（4）法蒂玛·洛佩兹（Fatima Lopez）2018春夏

图3-5 拼色
https://www.taobao.com

拼色是一种易出效果的设计手段，设计师可以组合不同类别的颜色和不同质感的面料来突出不同设计感觉，无需烦琐的手段，只需要准确地选择颜色和比例关系，就能快速地表现出设计作品的风格。

（六）印花染色

面料的色彩可以启发设计师的灵感并且能辅助服装的造型，营造风格的氛围。新颖的染色物质被纺织物中的纤维吸收，使面料的颜色不像涂在表面的天然染料和涂料那样容易被磨损。在纤维、纱线、面料及成衣的生产过程中，都可以用合成或天然染料来染色。染色是一种改变面料的绝佳方法。

要实现印花，选择正确的方式是很重要的。这种方法必须要适合面料和染料，并且使面料制成的成衣有良好的手感，颜色和图案是通过应用喷墨和颜料形成的。此外，通过某些印染的方式，可以使面料产生特殊的质地，比如可以加入一些化学物质，使其表面形成“凸纹”或“蚕食”的效果，以产生一种解构主义的外观。下面介绍几种常用的染色工艺方法。

1. 蜡染法

蜡染是我国古老的少数民族民间传统纺织印染手工艺，古称蜡，与绞缬（扎染）、夹缬（镂空印花）并称为我国古代三大印花技艺。尤其贵州、云南苗族、布依族等民族擅长蜡染。蜡染是用蜡刀蘸熔蜡绘花于布后以蓝靛浸染，既染去蜡，布面就呈现出蓝底白花或白底蓝花的多种图案。同时，在浸染中，作为防染剂的蜡自然龟裂，使布面呈现特殊的“冰纹”，尤具魅力。由于蜡染图案丰富、色调素雅、风格独特，在用于制作服装服饰和各种生活实用品时，显得朴实大方、清新悦目，富有民族特色（图3-6）。

图 3-6 蜡染
www.baidu.com

2. 浸染法

浸染亦称竭染，为染料应用术语，是一种将被染物浸渍于含染料及所需助剂的染浴中，通过染浴循环或被染物运动，使染料逐渐上染被染物的方法（图 3-7）。

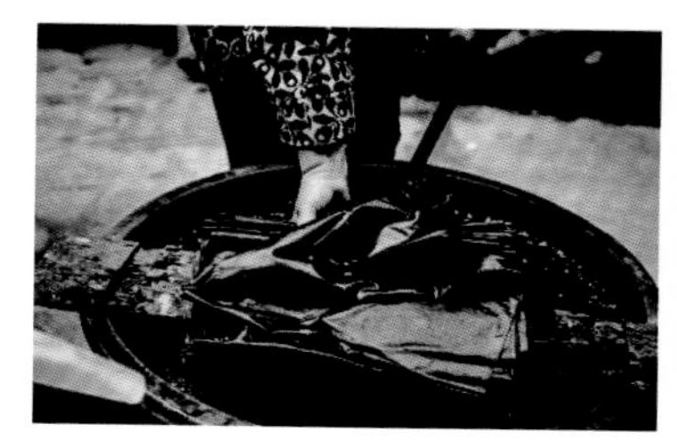

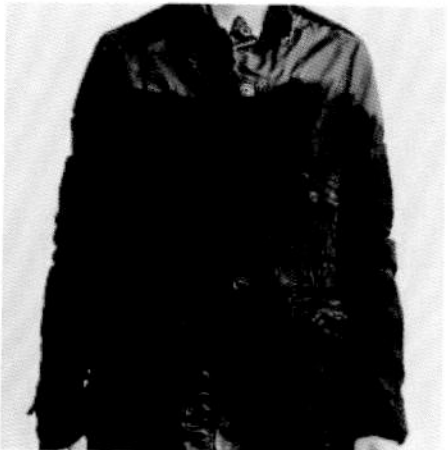

图 3-7 浸染
www.baidu.com

3. 扎染法

扎染是中国民间传统而独特的染色工艺。织物在染色时部分结扎起来使之不能着色的一种染色方法，是中国传统的手工染色技术之一。扎染工艺分为扎结和染色两部分。它是通过纱、线、绳等工具，对织物进行扎、缝、缚、缀、夹等多种形式组合后进行染色。其工艺特点是用线在被印染的织物打绞成结后，再进行印染，然后把打绞成结的线拆除的一种印染技术。它有一百多种变化技法，各有特色，如其中的"卷上绞"，晕色丰富，变化自然，趣味无穷。更使人惊奇的是扎结每种花，即使有成千上万朵，染出后却不会有相同的出现（图 3-8）。这种独特的艺术效果，是机械印染工艺难以达到的。

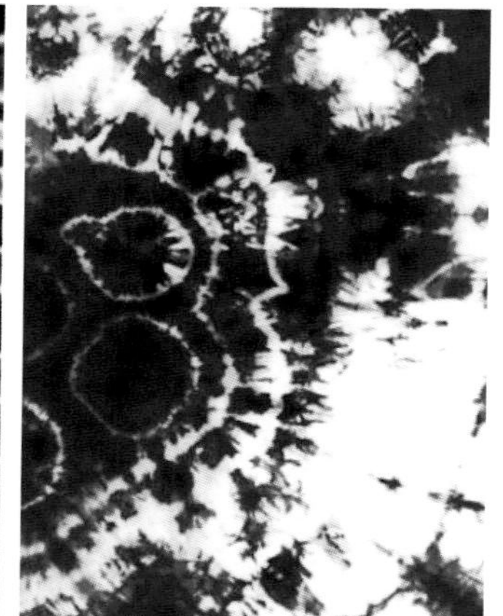
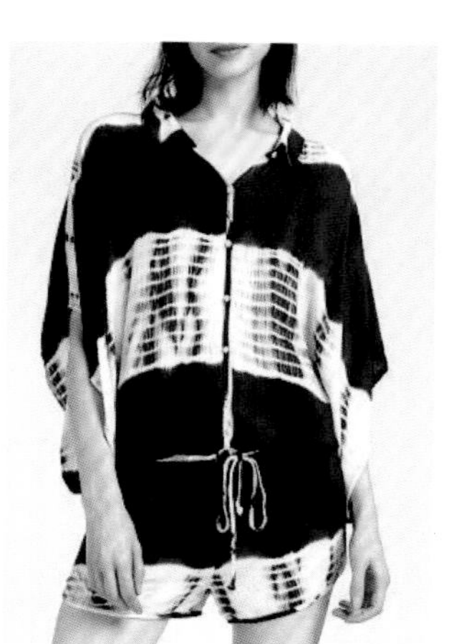

图 3-8 扎染
www.pinterest.com

（七）刺绣

刺绣可以在服装制成之前或之后应用，它可以集中在某些特殊部位或者作为整个设计的某个部分。它可以作为一件好的经设计后的装饰物来提升面料的外观，或使之成为服装设计上不可或缺的组成部分而不仅仅是一种装饰，比如通过使用装饰性的抽褶刺绣来改变简洁服装的廓型（图 3-9）。

（1）鄞昌涛（Andrew Gn）2018 春夏

（2）PAUL & JOE 2018 春夏

（3）米斯拉（Rahul Mishra）2018 春夏

（4）亚历山大·麦昆（Alexander Mcqueen）2018 春夏

图 3-9　刺绣
https://www.pinterest.com

刺绣的三个基本线迹分别是平针线迹、结节线迹、链状线迹。平针线迹存在于面料的表面，如撩针线迹、缎纹线迹和十字绣线迹；而结节线迹，如法式结和北京结，能给面料增加特殊的质地效果；链状线迹是把线圈都穿套在一起的线迹，如刺绣链式线迹。基本线迹可以进行很多种变化，通过不同的缝线的组合运用、改变其比例和间距或者通过把不同的线迹组合成一种新的线迹，可以获得意想不到的质地和图案。

刺绣线迹有 6 类：①缎纹线迹。它位于面料的表面，是长的水平线迹或斜向线迹的重复，线迹之间相互平行，并且间距紧密，产生一种正反面完全相同的缎纹效果。这种线迹广泛应用在中国刺绣中。②十字线迹。它通常用于织造均匀的面料上，它使面料纱线的数目显得清晰可数，并且线迹能准确地穿插于面料中。十字线迹通常被与 19 世纪的乡村风貌和英国维多利亚时期的女子联系在一起。③挑绣。它是指用细线迹压住平置在面料表面的主要线迹，这是一种装饰技法。当主要线迹太粗而不能直接穿透面料的时候会经常使用挑绣。④锁缝线迹。这种线迹可用来加固毛毯或服装的边缘，锁眼线迹就属于这一类，但是为了使边缘处理的更加紧固，它的线迹间距会更加紧密。⑤链式线迹。这种线迹需要用针或绣花钩针来缝制，串一个线圈压住并穿过前一个线圈形成一个链。⑥法式结和北京结。结的大小取决于所用缝线的粗细以及缝线在缝针附近缠绕、联圈成结所需要的次数。法式结的外观效果是缠绕，而北京结是通过线圈的穿套形成的，外观相对比较简洁。

现代刺绣是基于传统技术之上的，手工线迹是其基础。一旦学会了其中的规则，就掌握了这一系列技术的基础知识。

（八）综合材料

1. 珠子

珠子可以用玻璃、塑料、木头、骨头、陶瓷制成，并且可以制作成各种各样的形状和尺寸，它们包括籽粒珠、管状珠、闪光亮片、水晶珠子、闪光珠子和珍珠。珠饰增加了织物的肌理效果，使服装产生一种奇妙、反光的奢华效果（图3-10）。

（1）缪缪（Miu Miu）2018春夏

（2）马吉拉时装屋（Martin Margiela）2018春夏

（3）Talbot Runhof 2018春夏

（4）华伦天奴（Valentino）2018春夏

图3-10 珠子
https://www.taobao.com

珠子可以单个缝上也可以使用贴缝绣的方法缝上，把一根穿着珠子的线放置在面料的表面，在珠子间用小的针脚压缝到面料上。串珠前把线在蜂蜡或者蜡烛上来回滑动，有助于增加缝线的强度并能够最大限度地降低磨损。法式珠饰是用针和线把珠子缝在面料表面，将面料撑在一个框架上，框架使面料保持合适的张力，使珠饰的缝制更加容易并且使缝缀更具有专业化的整理效果。

珠子的类型有7种：①玻璃珠。这些珠子是可以透明的、不透明的、珍珠色的、金属色的、彩虹色的或者带有银纹的。②罗凯勒珠。它是一种小的玻璃珠。③罗凯勒圆珠。珠子内外都是光滑的。④罗凯勒大孔珠和方珠。珠子外表面是光滑的，内部切割成角状以吸收光。⑤夏洛特珠。这些珠子的外表面凸起或分为若干刻面，内部切割成角状或衬有金属。⑥管状珠。这些珠子都是管状的。⑦水晶或镂空玻璃珠。这些珠子有很多刻面，具有高反射性。

2. 羽毛

羽毛可分为天然羽毛和人造羽毛。根据设计可选择不同的纹理、色彩、形态应用到服装中（图3-11）。随着现代科技工艺手段的发展，仿真的羽毛设计越来越被设计师所青睐，并且从环保的角度替代了天然羽毛，其视觉效果也不亚于天然羽毛。

（1）安·迪穆拉米斯特（Ann Demeulemeester）2018春夏

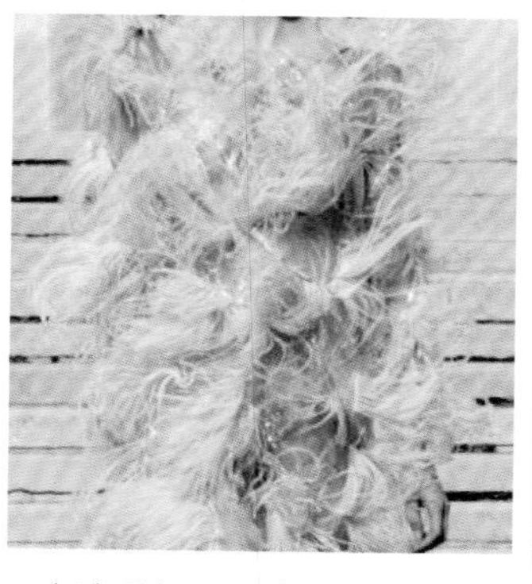

（2）莲娜丽姿（Nina Ricci）2018春夏

（3）马吉拉时装屋（Martin Maegiela）2018春夏

（4）罗达特（Rodarte）2018春夏

图3-11 羽毛
https://www.taobao.com

3. 亚克力

亚克力也叫 PMMA 或亚加力，都是英文 acrylic 的中文叫法，翻译过来就是有机玻璃，化学名称为聚甲基丙烯酸甲酯。应用到服装时以镶嵌在礼服和休闲装中较为常见（图 3-12）。图案形状灵活多变、可抽象可具象，会产生凸起的浮雕效果。

（1）鄞昌涛（Andrew Gn）2018 春夏

（2）伊曼纽尔·温加罗（Emanuel Ungaro）2018 春夏

（3）克里斯汀·迪奥（Christian Dior）2018 春夏

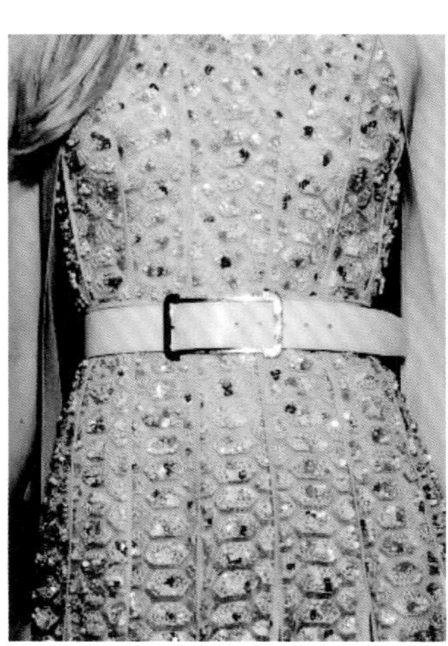
（4）艾莉·萨博（Elie Saab）2018 春夏

图 3-12 亚克力
https://www.pinterest.com

4. 贝壳

贝壳和羽毛一样，可分为天然贝壳和人造贝壳。根据设计可选择不同的纹理、色彩、形态应用到服装中（图 3-13）。由于贝壳比较坚硬，可以通过打磨、抛光等工艺手段处理，产生不同的效果，也可从其他材料上制作出仿真的贝壳。另外贝壳也常被设计师应用于饰品和服装的局部镶嵌。

（1）桑姆·布郎尼（Thom Browne）2014 春夏

（2）亚历山大·麦昆（Alexander McQueen）2012 春夏

（3）奥斯卡·卡尔瓦洛（Oscar Carvallo）2013 春夏

（4）殷亦晴（Yiqing Yin）2013 春夏

图 3-13 贝壳
https://www.pinterest.com

5. 珠片

珠片是较常见的一种饰品，广泛用于服装中，通常在礼服设计上较为常见，此外也多运用在鞋、帽、手袋、头饰等设计中，珠片的尺寸和造型各异、色泽艳丽，随着科技的发展和设备的不断改进，其质地也更加干净和环保（图 3-14）。

（1）克里斯汀 · 迪奥（Christian Dior）2018 春夏

（2）Each X Other 2018 春夏

（3）艾莉萨博（Elie Saab）2018 春夏

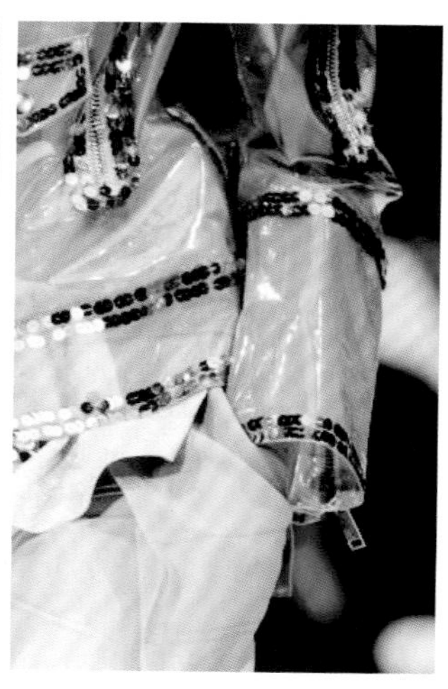

（4）华伦天奴（Valentino）2018 春夏

图 3-14　珠片
https://www.taobao.com

（九）零部件

1. 扣子

扣子的设计是指在服装上起连接作用的部件设计，同时具有实用性和装饰性，通过它的巧妙设计可以弥补服装造型的不足，并起到画龙点睛的装饰效果。在大的分类上，扣子可分为单排扣和双排扣；在类型上主要有纽扣、按扣、金属四合扣、搭扣、衣领扣、卡子、参环等；在造型上，形态各异，可分为自然形和几何形（图 3-15）。

（1）艾克瑞斯（Akris）2018 春夏

（2）Lutz Huelle 2018 春夏

（3）克里斯汀 · 迪奥（Christian Dior）2018 春夏

（4）德赖斯 · 范诺顿（Dries Van Note）2018 春夏

图 3-15　扣子
https://www.taobao.com

2. 拉链

拉链又称拉锁，是一个可重复拉合拉开的、有两条柔性的、可互相啮合的连接件。拉链是一百多年来世界上最重要的发明之一，是服装领域涉及最为广泛的、已成为当今世界上重要的服装辅料（图 3-16）。

（1）Liselore Frowijn
2018 春夏

（2）鄞昌涛（Andrew Gn）
2018 春夏

（3）安妮·索尔·马德森
（Anne Soile Madsen）
2018 春夏

（4）伊斯特班·科塔萨尔
（Esteban Cortazar）
2018 春夏

图 3-16 拉链
https://www.taobao.com

3. 纽结与织带

纽结包括纽扣、袢带等，在服装中起连接、固定作用，功能性较强。此外，纽结在服装上常处于显眼的位置。纽结作为重要的配件，可以装饰和弥补体型的缺憾。如在腰部加个纽结，可调节衣身的宽松度，将其扣上就有收腰的作用；袢带则可设计成各种几何形状，然后根据不同的面料、色彩和不同季节的服装进行合理搭配。织带是以各种纱线为原材料制成狭幅状织物或管状织物。纽结和织带品种繁多，在服装设计中也有较为重要的作用，功能性和装饰性是其作为服装配件的主要特性（图 3-17）。

（1）奥图扎拉（Altuzarra）
2018 春夏

（2）鄞昌涛（Andrew Gn）
2018 春夏

（3）安·迪穆拉米斯特
（Ann Demeulemeester）
2018 春夏

（4）Each X Other 2018 春夏

图 3-17 纽结
https://www.taobao.com

4. 口袋

在服装的部件设计中，与领子、袖子设计相比，口袋可以算是比较小的零部件。口袋的设计在结构上相对比较随意，其尺寸依据是手的尺寸，因为口袋的功能就是为了放置一些小物品。而对于特种服装来说，口袋的功能性是需要特别强调的条件之一，如钳工服上的口袋比较多而且大、结构结实，就是为了在施工时便于放置工具。此外，同其他任何部件一样，口袋也有其装饰功能，合理的口袋设计可以丰富服装的结构，增加装饰趣味。由于设计上的限制较少，口袋的变化就更为丰富，其位置、形状、大小、材质、色彩等都可以和服装自由交叉搭配。但是口袋的性格特点也很明显，不同或相同的口袋经过不同的搭配可以改变服装的风格，所以在设计时一定要注意与服装的整体风格相统一。例如，服装整体廓型为直身型，口袋也以棱角分明的直线型为佳；口袋上缉明线会给人休闲随意的感觉，所以缉明线的口袋一般不会用在职业装上；各种仿生形状的口袋看上去活泼可爱、富有情趣，所以一般会用在童装上。另外，条纹或格子的口袋还要考虑对条对格的问题。根据结构特点，口袋主要分为贴袋、暗袋、插袋、里袋和复合袋五种。设计时需要注意袋口、袋身和袋底的细节处理。

（1）贴袋。它是贴附于服装表面之上、袋型完全外露的口袋，又叫“明袋”（图 3-18）。根据空间存在方式，又分为平面贴袋和立体贴袋；而根据开启方式，可分为有盖贴袋和无盖贴袋。因为受到工艺的限制性较小，贴袋的位置、大小、外形变化最自由，但同时因其外露的特点也就最容易吸引人的视线，所以贴袋的设计更要注重与服装风格的统一性。贴袋的性格特点一般倾向于休闲随意，所以在成人装中多用于休闲装和工装的设计中。

（1）Atlein 2018 春夏

（2）詹巴迪斯塔·瓦利（Giambattista Valli）2018 春夏

（3）莲娜丽姿（Nina Ricci）2018 春夏

（4）克里斯汀·迪奥（Christian Dior）2018 春夏

图 3-18　贴袋
https://www.taobao.com

（2）暗袋。暗袋是在服装上根据设计要求将面料裁开一定宽度的开口，再从里面衬以袋布，然后在开口处缝接固定的口袋，暗袋又叫挖袋或嵌线袋（图 3-19）。暗袋的特点是简洁明快，从外观来看只在衣片上留有袋口线，而且袋口一般都包有嵌条，根据嵌条的条数可把暗袋分为单开线暗袋和双开线暗袋两种。暗袋多用于正装中，特别是西装中几乎不可缺少的部件，比如西装中的手巾袋都是单开线暗袋。日常生活中也有便装使用暗袋，如运动装、休闲外套的口袋，会给人感觉比较规整和含蓄。此外，暗袋也可分为有盖暗袋和无盖暗袋。

（3）插袋。从原理上讲，插袋也是暗袋，因为插袋的袋型也是隐藏在服装里边，在工艺上与暗袋相似，不同的是插袋口在服装的接缝处直接留出而不是在衣片上挖出。插袋的隐藏性更好，与接缝浑然一体，显得更为含蓄高雅、成熟宁静，多用在经典成衣中（图 3-20）。有时出于设计需要，也会故意在袋口处做一些装饰，如线形刺绣、条形包边等，以此丰富设计、增加美感。

（4）里袋。顾名思义，里袋就是装在服装里面的口袋，也是服装上最具使用功能和隐蔽性的口袋（图 3-21）。里袋经常在许多服装上使用，如夹克、西装、风衣、马甲等。里袋最初完全是为了使用功能而设计，可以装一些随身携带的、比较重要的小物品，比如钱夹经常是放在里袋里面。后来随着人们对于服装内外品质的要求提高，对里袋设计也有了较高的审美需求，如西装的里袋经常使用暗袋的开线设计，外观平整，还会装有三角形或锯齿形的小袋盖。而夹克、风衣的里袋则形式多样，开线、拉链、黏扣、按钮等均可使用。

（1）Koche 2018 春夏

（2）约翰·加利亚诺（John Galliano）2018 春夏

（3）朗雯（Lanvin）2018 春夏

（4）高桥盾（Undercover）2018 春夏

图 3-19　暗袋
https://www.pinterest.com

（1）赛琳（Celine）2018 春夏

（2）亚历山大·麦昆（Alexander Mcqueen）2018 春夏

（3）王汁（Uma Wang）2018 春夏

（4）爱马仕（Hermes）2018 春夏

图 3-20　插袋
https://www.taobao.com

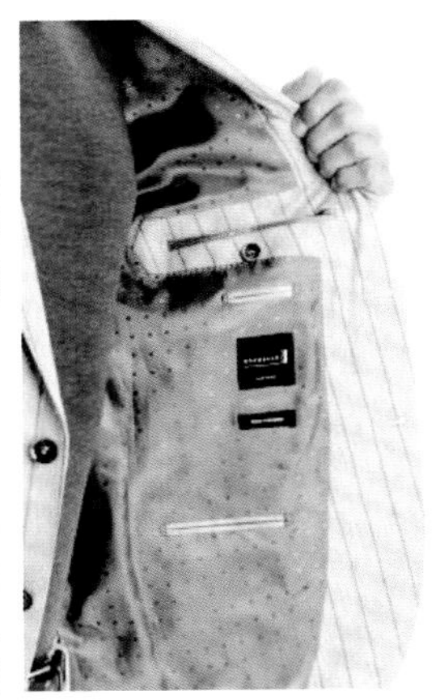

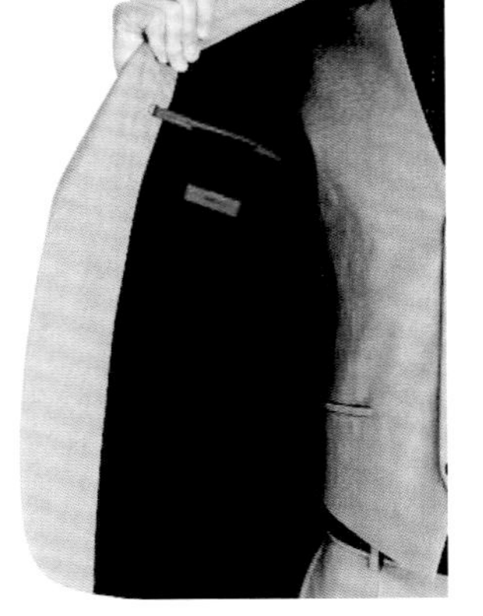

图 3-21　里袋
https://www.pinterest.com

（5）复合袋。复合袋是几种袋型在一个部位集合出现形成的口袋（图3-22）。以上讲的仅是口袋的几种基本类型，其实在生活中口袋的种类非常繁多，实际设计时经常要多种类综合搭配，就会创造出许许多多款式别致、富有新意的复合袋设计。如在大贴袋中加入暗袋设计、在插袋上加上贴袋设计等，复合袋可以兼具几种口袋的特点，其功能性和审美性更好。

（1）丝黛拉·麦卡妮（Stella Mccartney）2018春夏

（2）蓝色情人（Blumarine）2016春夏

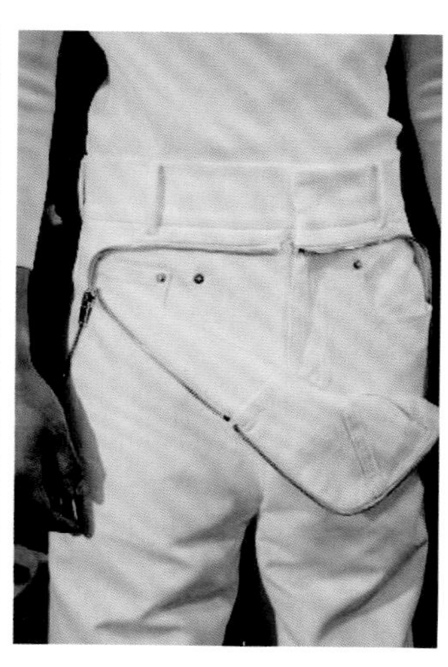

（3）郑旭俊（Juun.J）2016春夏

（4）玛尼（Marni）2017春夏

图3-22 复合袋
https://www.taobao.com

二 服装设计方法

设计方法，也称为设计原则，是设计者在设计时所遵循的反映现实和表现设计者思想情感的基本原则。它是设计者作为设计主体的设计理念的实践性体现，是解决设计问题和处理服装设计中整体与局部、设计元素与细节的必然手段。

（一）设计语言与审美

设计语言是创新思维主体在特定设计的创作活动中，运用独特的设计手法，按照审美法则，进行设计表现的手段和方法。设计语言是服装设计作品的媒介和形式的总称，具有多样性和丰富性的特点，并在设计发展中不断创新和发展，具有独特的个性语言，从而不断地加强完善设计形式与表现手段的创新。设计语言有三条基本原则：①设计语言要鲜明、生动地表现设计作品的理念。②设计语言要精练含蓄、有意蕴。③设计语言要有传承与创新。

在服装的设计过程中，设计语言和审美具体体现在以下三类。

1. 对称与不对称

服装的剪裁和廓型有对称和不对称之分，对称的服装传递出内敛、端庄、稳重、大方的含蓄美；不对称的服装则呈现出个性、时尚、艺术、现代的张扬之美。如何选择？除了对不同场合的考量外，个人气质以及性格也是决定你是能够驾驭对称服装还是能够驾驭不对称服装的关键要素（图3-23）。气质本身具有时尚感、长相个性、性格开朗外向的人更适合穿着不对称的服装，显得潇洒、个性；而气质内敛、长相端正、性格含蓄内向的人，更适合穿着对称的服装，体现端庄、大方。

（1）艾勒里（Ellery）
2018 春夏

（2）卡纷（Carven）
2018 春夏

（3）Nehera
2018 春夏

（4）Unraver Project
2018 春夏

图 3-23　对称与不对称
https://www.taobao.com

2. 比例与廓型

服装设计的整体美感的产生和形成，离不开和谐的比例关系。学术界从不同的角度对比例进行了定义。有的人认为比例是决定构成艺术作品的一切单位大小，以及它的各单位之间的相互关系的重要因素。还有的人认为比例是形式美法则之一。在任何一种艺术和审美活动中，比例实质上是指对象形式和与人有关的心理经验形成的一定对应关系。当一种艺术形式因为内部的某种数理关系与人在长期实践中接触这些数理关系而形成的快适心理经验相契合时，这种形式就可被称为符合比例的形式。也有人认为比例是指造型物的全体与部分、部分与部分之间的长度或面积的数量关系，也就是通过大与小、长与短、轻与重等质和量的差所产生的平衡关系。上述定义看似不同，但实质上都肯定了比例反映的是一种各要素之间的相互关系。在艺术创作和审美活动中，这个关系处于平衡状态时就产生美的效果。服装设计中的比例关系是十分重要的，设计师在进行设计时通常会从比例的角度出发，对服装设计诸要素如色彩、图案、面料、质感、装饰配件、体型等进行设计，使服装的比例达到平衡、和谐，符合人体视觉比例的变化，进而形成美的感觉。比如，设计者经常将黄金分割率应用于衣服的比例（背长平均等于 37cm，假设裙长等于背长的 1.618 倍，即得出以下公式 $37\times1.618=59.866\approx60$。以背长等于 37cm，裙长等于 60cm 为基准。如果衣服的肩宽为 40cm，上衣的长度为 60cm，那么这件衣服的长宽比例为 60 ∶ 40 或 3 ∶ 2），就是因为黄金分割法经实践证明是一种符合审美标准的比例关系。一套服装的上衣长与裙长、袖长与背长、袖长与外套长等，采用这种比例尺寸，将具备比例美的特征。但是服装设计中仅仅机械地使用黄金分割率又显然是不够的，毕竟服装是为人设计的，在服装设计时要考虑到着装人不一定都是标准体型，要设法用服装来弥补或校正着装者体型的不足和缺憾，就必须利用比例美的造型规律来重新考虑服装的比例。注意服装是人体的穿着物，既要找出规律的比例美感来，又要符合千差万别的人体美，并由此来决定比例关系的适用，这是比例设计的魅力之所在（图 3-24）。

3. 协调

服装设计中的形式美法则，即比例、对称、均衡、主次、对比、和谐，阐明了服装的比例在服装设计中的地位，这些形式美法则都是建立在比例的基础上，只有把握服装的比例关系，才能达到服装的协调美（图 3-25）。

（1）艾勒里（Ellery）
2018 春夏

（2）圣罗兰
（Saint Laurent）2018 春夏

（3）渡边淳弥
（Junya Watanabe）2018 春夏

（4）李阳（Yang Li）
2018 春夏

图 3-24　比例与廓型
https://www.taobao.com

（1）Dice Kayek
2018 春夏

（2）亚历山德拉·瑞秋
（Alessandra Rich）
2018 春夏

（3）艾勒里（Ellery）
2018 春夏

（4）普罗恩萨·施罗
（Proenza Schouler）
2018 春夏

图 3-25　协调
https://www.taobao.com

（二）造型

造型一词源于铸造行业，原意是指用型砂及磨具等工艺装备，浇注模型部件的工艺过程。随着词义的发展，造型一词现在既可以用作动词，也可以用作名词。造型作动词解，是指塑造物体的特有形象；造型作名词解，是指被创造出来的物体形象。

在设计学科中，造型是指用图形或实物构筑可视形状的过程及其得到的结果。物体处于空间的形状是由物体的外轮廓和内结构结合起来形成的。如汽车、电视机、电冰箱等物体不仅形状不同、特征各异，也有着各自的内在结构。所以造型是把握物体的主要特征所创造出的物体形象，是以一定物质材料和手段创造的可视空间形象的艺术。通常情况下，人们所说的造型是指物体的外部特征，包括物体外部的整体与局部、局部与局部、物体与空间之间的关系等。

造型总存在于一定空间中，表现为某种静止的或动态的过程，可以视觉感受，又被称为视觉艺术、空间艺术等。造型的表现是由其使用的材料和手段决定的。由于造型的类别不同，造型创作的特点和表现形式也存在很大的差异。例如，建筑采用不同的建筑材料和建筑手法，创造出可供人类居住、生活和工作的适应性空间造型；画家使用不同绘画工具和材料，通过对具象的或抽象的形态、色彩的描绘，展现的是一种二维平面的艺术形态。

服装造型则体现一种形状上的结构关系以及穿着上的存在方式，可以理解为服装款式的表现，包括服装的整体造型和局部造型（图 3-26）。服装借助于面料、依附于人体，其造型要完成由平面材料转换成立体形态的过程，对服装材料的选择以及工艺手段等有其相应的要求。

（1）Talbot Runhof 2018 春夏

（2）Y/Project 2018 春夏

（3）圣罗兰（Saint Laurent）2018 春夏

（4）山本耀司（Yohji Yamamoto）2018 春夏

图 3-26　服装造型
https://www.taobao.com

（三）平面结构设计

平面结构设计就是对服装的构成及各部件间的组合关系进行设计。它是服装工艺设计的准备与前提，又是服装造型设计的延伸与完善。服装结构设计是否合理，不仅会影响到服装的美观性、舒适性，还会在很大程度上对服装的制作效率有所影响。平面结构设计的一个重要部分是对款式造型的审视与分解。款式造型的审视与分解是指审视效果图所显示的款式的功能属性、结构组成和工艺处理方式。它是剖析款式的结构形式、规格和结构的过程，也是款式造型图解成为结构图的第一步设计工作。

例如图 3-27 中四款法蒂玛·洛佩兹（Fatima Lopez）2018 春夏的高级成衣，以不同的结构、相似的面料组成

图 3-27　不同结构相似面料组成不同的服装
https://www.vogue.com

了不同性质的服装。

1. 分割线

分割线又叫开刀线，分割线的重要功能是为满足造型的需要而将服装切分成几个部分，然后再缝合成成衣，以体现服装的人体及美观。线，是服装造型中十分重要的部分，它既能构成多种的形态，又能起到分割形态和装饰的作用；既能随着人体线条进行塑造，也可以改变一般的人体的形态而创造新的、带有强烈个性的形态。因此由裁片缝合时产生的分割线，既具有造型性，也具有功能性，它对服装造型与合体性起着主导作用。分割线通常被分为两大类别：结构分割线和装饰分割线。结构分割线是指具有塑造人体体型和加工方便特征的分割线。结构分割线的设计不仅要设计出款式美观的服装造型，如突出胸部、收紧腰部、扩大臀部等，使服装能够充分体现出人体的曲线美；而且要具有更多的实用性功能，尽量做到在保持造型美感的前提下，最大限度减少成衣制作过程中的复杂程度。最大限度地显示出人体轮廓的曲线美，是结构分割线的主要特征之一。例如，背缝线和公主线能充分显示人体的侧面体型；肩缝线和侧缝线可以充分体现人体的正面体型。除此之外，结构分割线还有代替收省的作用，以简单的分割线形式取代复杂的塑形工艺。如公主线的设置，其分割线位于胸部曲率变化最大的部位，上与肩省相连，下与腰省相连，通过简单的分割线就能把人体复杂的胸、腰、臀的形态勾勒出来。服装中的装饰分割线是指为了服装造型的美观而使用的分割线，附加在服装上起装饰的作用。分割线所处的部位、数量和形态的改变会引起服装设计视觉艺术效果的改变（图 3-28）。

（1）克里斯汀·迪奥（Christian Dior）2018 春夏

（2）安妮·索尔·马德森（Anne Sofie Madsen）2018 春夏

（3）Moon Young Hee 2018 春夏

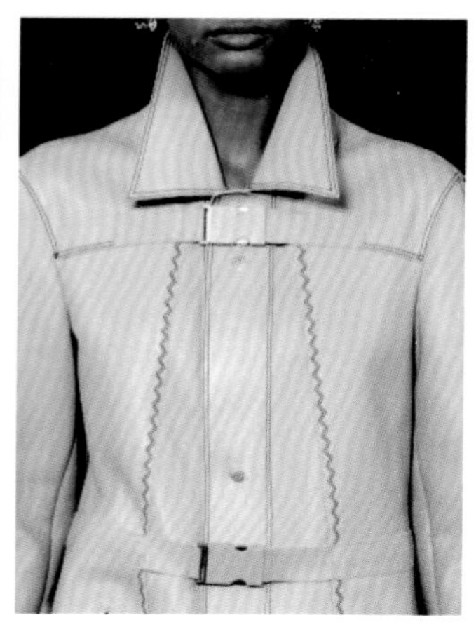

（4）Off-White 2018 春夏

图 3-28　分割线的运用
https://www.taobao.com

在不考虑其他造型因素的情况下，服装中“线”构成的视觉美观是通过线的横竖曲斜与起伏转折以及富有节奏的粗犷纤柔的变化来体现的。女士服装大多采用曲线形分割线，外形轮廓线也以曲线居多，显示出女性的柔美特性；而男装则坚持以粗犷豪放的直线为服装构成的主要线条。

单一的分割线在服装的某部分中所起的装饰作用是有限的，为了塑造较为完美的造型以及迎合某些特殊造型的需要，增添分割线是必要的。如后衣身的纵向分割线，两条就能比一条更使得腰身合体，形态自然。但要注意分割线也不是越多越好，分割线数量的增加易引起分割线的配置失去平衡，数量的增加必须在保持分割线整体的平衡和有韵律的前提下进行，特别是对于水平分割线，其分割非常讲究比例美。因此分割线的运用应当以适度、平衡、比例恰当为判断标准。

以上两种分割线结合，形成了结构装饰分割线。这是一种处理十分巧妙的、能同时符合结构和装饰需要的线型，将造型需要的结构处理隐含在对美感追求的装饰线中，相对而言，结构装饰分割线的设计难度要大一些，它既要塑造美的形体，又要兼顾设计美感，而且还要考虑到工艺能否实现，对工艺有较高的要求。

2. 省道设计

省道设计是为了适应服装的人体和造型需要而采用的一种塑型手法。人体是曲面的、立体的，而布料却是平面的。当把平面的布放置到凹凸起伏的人体上时，两者是不能完全贴合的，为了使布料能够顺应人体结构，就要把多余的布料裁减掉或者收褶缝合掉，这样制作出的服装才会十分合体。被剪掉或缝合的部分就是省道，其两边的结构线就是省道线。省道一般外宽里窄，从服装的边缘线向人体上某一高点收成三角形或者近似三角形，外边的叫省根，里面的叫省尖。省道有很多种，多以胸高点为中心。根据收省的位置不同，上装省道主要分为七种基本类型：腰省、肩省、领省、前中缝省、袖窿省、腋下省、侧缝省。分别以其省根所在位置线命名。近几年，中缝省用得比较多，剪开或不剪开的形式都有。人体背部虽不如正面那么凹凸有致，但也有一点的曲面，背部较细，臀部较宽，肩胛处较高，女性尤为明显。按省根的位置，背部省道也分为背部肩省、背部腰省等。背部省道也可根据造型要求联合使用。事实上，在实际设计中，省道的形状多种多样，但都是以上述基本省道进行相应的省道转移得来的。省道转移是服装结构设计中的重要内容。在服装设计中，往往不是某一种省道的单独使用，两条或两条以上的省道联合使用会塑造出更为贴体的造型。在现代服装设计中，省道的使用更为讲究，服装设计师们总是竭尽所能以更合理的收省方法塑造人体曲线，特别是女性胸部曲线，常常是袖窿省、腋下省与腰省并用。省道收的合理与否是决定服装板型好坏的重要因素。与上装相比，下装的省道位置相对比较固定，多集中于腰臀部，所以下装的省道又叫臀围省。人的体型特点是腰细臀宽，因此在腰部、臀部、腹部做适量的省，可以使得裙装或裤装更为美观贴体。在这一点上，男装也一样，只是没有女装明显，收臀围省还有一个重要功能就是使下装能够挂于腰部而不会坠落。省道缝合时一般向内折暗缝，在服装表面只留下一条平整的缝合线，使得服装外观美观（图 3-29）。

（1）Atlein 2018 春夏

（2）Talbot Runhof 2018 春夏

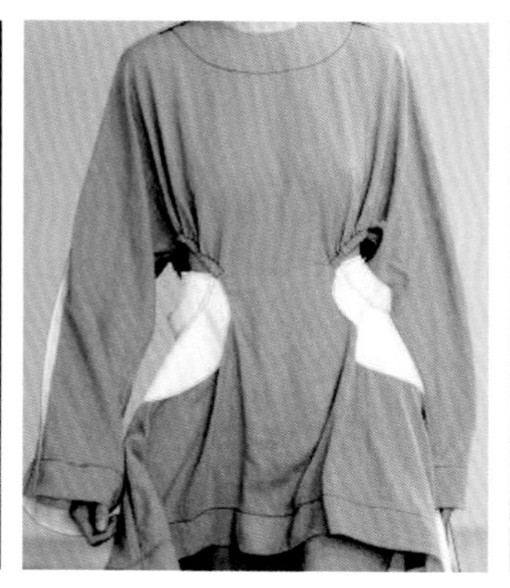
（3）罗意威（Loewe）2018 春夏

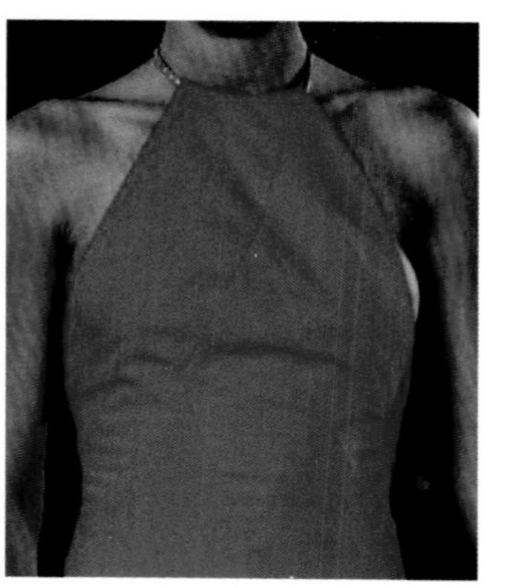
（4）法蒂玛·洛佩兹（Fatima Lopez）2018 春夏

图 3-29　向内折暗缝省道
https://www.taobao.com

（四）立体剪裁

立体剪裁是区别于服装平面制图的一种剪裁方法，是完成服装款式造型的重要手段之一（图 3-30）。立体剪裁的优势在于能非常快速地实现脑海中的设计，并且可以在制作的过程中进行天马行空的设计。立体剪裁是以人台为操作对象，是一种具象操作，所以具有较高的适体性和科学性。立体剪裁的整个过程实际上是二次设计、结构设计以及裁剪的集合体，操作的过程实质就是一个美感体验的过程，因此立体剪裁有助于设计的完善。立体剪裁是对面料直接操作的方式，所以对面料的性能有更强的感受，在造型表达上变化更加多样，许多富有创造性的造型都是运用立体剪裁来完成的。

解构是立体剪裁的一种重要方法。解构服装是设计师突破“服装为人所穿”的概念，完全从一件独立的艺术品的角度去设计服装，考虑的是“服装”本身而非与人体发生关系的服装。设计师通过偶然机遇、荒诞组合、随意堆砌、解构中心、解构抽象、解构具象等手段来进行创作（图3-31）。解构服装的灵感来源与实现手法多种多样，但是大致有以下几种方式：①解构服装用倾斜、倒转、弯曲、波浪等表现手法；②巧妙改变或者转移原有的结构；③力求避免常见、完整、对称的结构；④整体形象支离破碎、疏松零散，变化万千。以上所说只要符合一两项，就可以称之为解构服装。此外，设计师需要注意，解构并非无章法，也同样应该经过反复推敲而确定设计。比如解构不可过分散乱残缺，为了标新立异而破坏服装的基本结构和美感。

（1）Drome 2018 春夏

（2）Moon Young Hee 2018 春夏

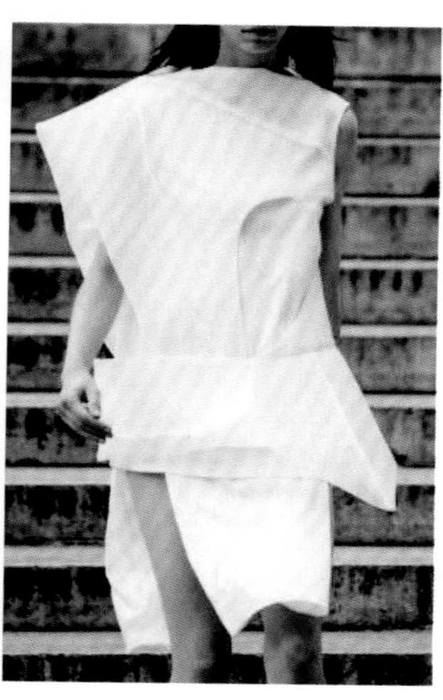

（3）瑞克·欧文斯（Rick Owens）2018 春夏

（4）渡边淳弥（Junya Watanabe）2018 春夏

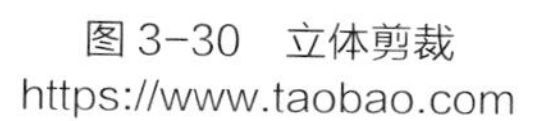

图3-30　立体剪裁
https://www.taobao.com

（1）瑞克·欧文斯（Rick Owens）2018 春夏

（2）安·迪穆拉米斯特（Ann Demeulemeester）2018 春夏

（3）Moon Young Hee 2018 春夏

（4）Nehera 2018 春夏

图3-31　解构
https://www.taobao.com

（五）配饰设计

在服装上能体现线性感觉的服装品主要有箱包、鞋靴和首饰（图3-32）。首饰又可分为项链、手链、臂饰、挂饰、头饰等，其他还有腰带、围巾、眼镜等。这些饰品通过色彩、材料和形状的不同变化，可以带来不同的视觉效果，体现不同的设计目的。从造型要素的角度分析，服装总体上来看面感最强，线性饰品可以通过与服装构成的“面”交叉或呼应，打破平面的呆板感，形成对服装造型上的补充。如一条普通的连衣裙，如果在中间束一条腰带，原本单一的平面被横向断开，视觉上就会有一点层次感；一件款式简洁的 T 恤配一个创新设计的单肩斜挎式休闲包，就会打破原有形式上的单调感，形成对 T 恤的漂亮装饰；款式新颖的项链、挂饰则经常用来丰富原本简洁、曲线优美的晚礼服造型；风衣、大衣、羽绒服等冬装则可以通过与围巾或其他饰品搭配取得丰富的视觉美感。

（1）川久保玲
（Comme Des Garcons）
2018 春夏

（2）薇薇安·威斯特伍德
（Vivienne Westwood）
2018 春夏

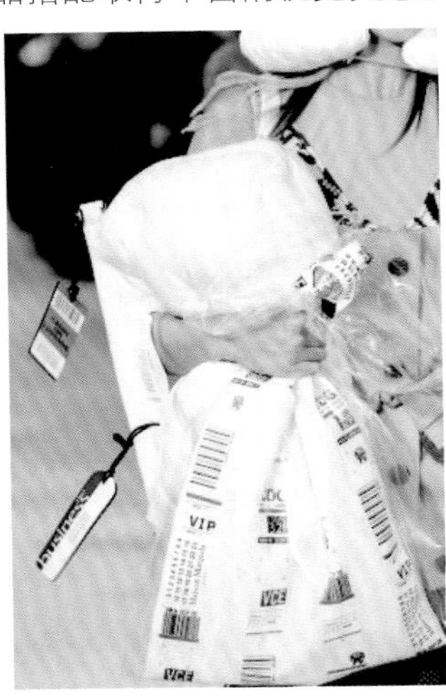

（3）马吉拉时装屋
（Martin Margiela）
2018 春夏

（4）Each X Other
2018 春夏

图 3-32　配饰设计
https://www.taobao.com

（六）服装的搭配设计

服装搭配主要指在款式、颜色上相协调，从而整体上达到得体、大方的效果（图 3-33）。搭配技巧，主要从择业、择偶、交友、社交、业务往来等方面就男性和女性的服装搭配艺术进行介绍，旨在在我们的日常生活中给大众以一定的指导和参考，同时也兼具娱乐欣赏性和拓展视野性。

图 3-33　服装搭配
https://www.pinterest.com

三　面料的分类

服装面料可以分为梭织和针织两大类。

（一）机织类面料

机织是用梭子（或其他工具）带动纬纱在上下开合的经纱开口中穿过，一纱一纱地构成交叉的结构（图 3–34）。机织是区别于针织的称法，由两组或两组以上的相互垂直的纱线，以 90° 角作经纬交织而成织物的方法。即使针织机械化出现后，机织还是继续用来区别针织。因梭织物经，纬纱延伸与收缩关系不大，也不发生转换，因此梭织物一般比较紧密、硬挺。

机织物按组织成分可分为：棉织物、丝织物、毛织物、麻织物、化纤织物及它们的混纺和交织物等；而按组织则可分为：平纹、斜纹和缎纹。经纱和纬纱之间的每一个相交点称为组织点，是机织物的最小基本单元。

图 3–34　梭织物
https://www.baidu.com

（二）针织类面料

针织是利用织针把各种原料和品种的纱线构成线圈，再经相互串套连接成针织物的工艺过程（图 3–35）。针织物质地松软，有良好的抗皱性与透气性，并有较大的延伸性与弹性，穿着舒适。针织产品除供服用和装饰用外，还可用于工农业、医疗卫生和国防等领域。

针织分手工针织和机器针织两类。手工针织使用棒针，历史悠久，技艺精巧，花形灵活多变，在民间得到了广泛流传和发展。根据不同的工艺特点，针织生产分为纬编和经编两大类。在纬编生产中，原料经过络纱以后便可把筒子纱直接上机生产。每根纱线沿纬向顺序地垫放在纬编针织机的

图 3–35　针织物

各只织针上，以形成纬编织物。在经编生产中，原料经过络纱、整经，纱线平行排列卷绕成经轴，然后上机生产。纱线从经轴上退解下来，各根纱线沿纵向各自垫放在经编针织机的一只或至多两只织针上，以形成经编织物。在某些针织机上也有把纬编和经编结合在一起的方法。这时在针织机上配置有两组纱线，一组按经编方法垫纱，而另一组按纬编方法垫纱，织针把两组纱线一起构成线圈，形成针织物。由同一根纱线形成的线圈在纬编针织物中沿着纬向配置，而在经编针织物中则沿着经向配置。

针法的工艺不同，会产生镂空、立体、半立体的效果。①镂空：是一种雕刻技术，可以通过激光雕刻和手工镂空的手段来完成，面料表面看起来是完整的图案，但内部是空的或镶嵌小的镂空形态，应用到服装上，会给人一种通透性的视觉感受，深受设计师的青睐（图 3-36）。②立体：具有长、宽、高的设计元素，是多层次、体积感强的设计，相对于平面的设计，增加了服装的空间感和廓型感（图 3-37）。③半立体：介于立体与平面之间的一种设计手法，具有浮雕的视觉效果（图 3-38）。

（1）巴尔曼（Balmain）
2018 春夏

（2）克里斯汀·迪奥
（Christian Dior）2018 春夏

（3）爱马仕（Hermes）
2018 春夏

（4）曼尼什·阿若拉
（Manish Arora）2018 春夏

图 3-36　镂空
https://www.taobao.co

（1）森永邦彦
（Anrealage）2018 春夏

（2）瑞克·欧文斯
（Rick Owens）2018 春夏

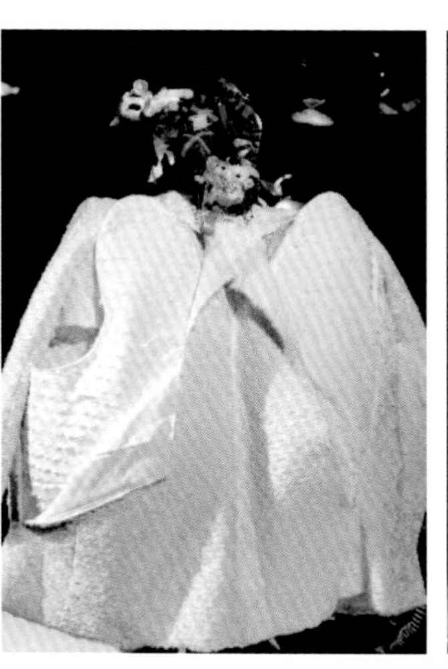
（3）川久保玲
（Comme Des Garcons）
2018 春夏

（4）山本耀司
（Yohji Yamamoto）
2018 春夏

图 3-37　立体
https://www.taobao.com

（1）鄞昌涛
（Andrew Gn）
2018 春夏

（2）巴尔曼（Balmain）
2018 春夏

（3）盟可睐
（Moncler）
2018 春夏

（4）安妮·索尔·马德森
（Anne Sofie Madsen）
2018 春夏

图 3-38　半立体
https://www.taobao.com

四　面料肌理与表现

现代科技的飞速发展使得越来越多的新材料悄然走进了我们的生活。每天都有新的材料出现，而不再只是传统的几个种类：棉、麻、毛、丝。在改造面料组织与结构时，可着手寻找的材料也比原来更加丰富多彩。面对如此丰富多彩的材料，设计师需要去剖开表面现象寻找材料，即在纺织材料的周边或者外围去发现一切可利用的材料，打破传统的纺织和纤维的局限。

目前，追求个性化、有针对性的材质表现设计已成为一种趋势。因此现在的面料再造也要适应这种潮流和趋势，去寻找有个性的设计感觉，而这种感觉是以思维方式的彻底解放为前提，也就是要再进一步将思路与视野放宽。不但呈现出一种个性的情感、思维的方式，更要呈现我们内心生活的一种体验。

任何可利用的材料都可以尝试再造，即使不成功，我们也能明白它不成功的原因。这种寻找与尝试是面料再造一个必不可少的过程，这个过程是训练设计师开拓思维的关键一环。还有一种寻找是完全解剖式的，就是对现成品的分解重组。例如，截取面料或者带状物的一部分进行纺织品面料再造，在现有的面料上加工，用绣和堆加的方式、缝和重叠的方式等，尽可能做到使用一种材料就将它分析透彻。所以设计师要涉猎各种领域，从毫不相干的事物上寻找灵感，借鉴不相关的事物中的材质特点，如一些面料在韧性上借鉴塑料的特点、一些面料在质感上模仿金属的光泽等。设计师要做的就是拓宽视野，走出纤维既定概念的束缚，在这之外寻找一种属于自己的设计理念和原创思路。

面料再造在服装设计中具有十分重要的意义。服装材料直接影响服装艺术形态美；服装设计创新的最直观表现就是材料的创新；服装材料的创新直接影响设计师艺术设计能力的体现，不同的服装材料对服装的工艺制作和形态效果都会产生一定的影响。因此设计师要会用材料，善用材料，还要敢用材料（图 3-39）。这需要对材料的质感和肌理进行深入的研究。

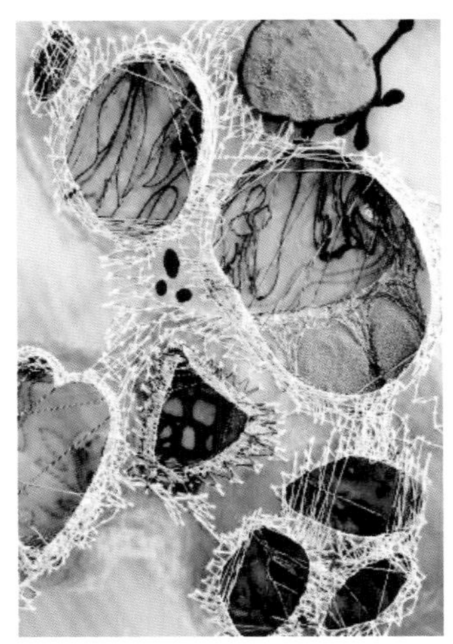

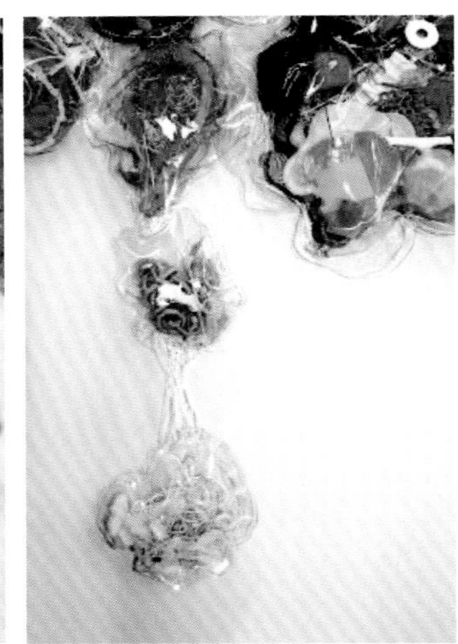

图 3-39　对材料的运用
www.pinterest.com

（一）面料质感表现

不同质感的面料能表现不同的服装风格。设计师需要根据服装所要表达的氛围和廓型需求选择适合的质感面料。质感不同，面料的种类和造型能力不同，设计师可以通过搭配不同质感的面料来突出服装的层次感。面料的搭配可以是同质不同色、不同质不同色或者同质同色等，每一种搭配都可以表达出不同的感受。

1. 面料质感的直观感觉

（1）柔软型面料：柔软型面料较为轻薄、垂坠性好，造型线条光滑，服装廓型自然舒展。柔软型面料在服装设计中常采用直线型的简练造型来体现人体的优美曲线，多见松散型或褶裥效果的造型，表现面料线条的流动感。

（2）挺阔型面料：挺阔型面料线条较为清晰，有体量感，能塑造鲜明的服装轮廓。常见有棉布、涤棉布、亚麻布、复合面料和中厚型的毛料，该类面料常见于突出服装造型精确性的设计中。

（3）光泽型面料：光泽型面料表面光滑且有反光特性，有熠熠生辉之感。该类面料包括缎纹结构的织物，最常用于礼服形式的服装中，可以产生一种华丽耀眼的强烈视觉效果。光泽型面料在设计感强的服装中造型自由度很广，可有简洁的设计或是较为夸张的造型。

（4）厚重型面料：厚重型面料厚实挺括，能产生稳定的造型效果。其面料具有体型扩张感，不宜过多采用褶裥和堆积，在设计中运用 A 型和 H 型最为恰当。

（5）透明型面料：透明型面料质地轻薄通透，具有优雅神秘的艺术效果。包括棉、丝、化纤织物等。为了突出面料的透明度，常用线条自然丰满、富于变化的 H 型和圆台型设计造型。

2. 面料的质感设计

（1）同色不同质。以同种色彩为主的设计，面料的质地有所不同，产生不同的对比效果，打破了原本单一色彩的局限性，在不影响整体设计的色彩基调的基础上，丰富了内敛的面料质感对比（图 3-40）。

（2）不同色不同质。以不同色彩和不同面料质感为主的设计，此类设计混合搭配，面料色彩和质地的不同，产生了丰富的强烈对比效果，但要注重协调性和整体性，避免杂乱无章（图 3-41）。

（3）同质不同色。是以同种质感和不同色彩为主的设计，面料的质地相同，但原本单调的面料可以通过色彩的不同产生丰富的对比效果，打破了单一面料的局限性（图 3-42）。

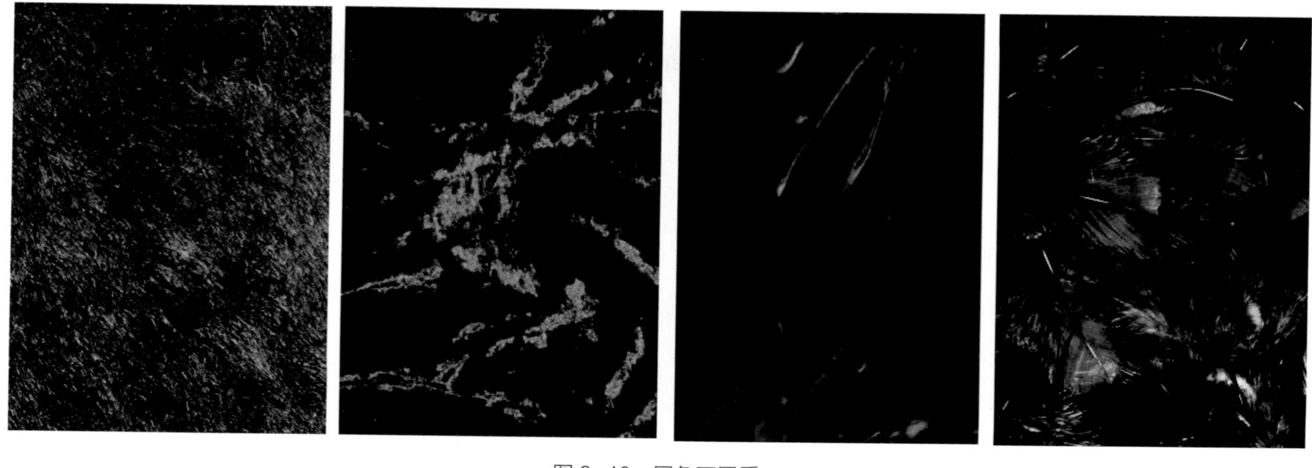

图 3-40　同色不同质
https://www.pinterest.com

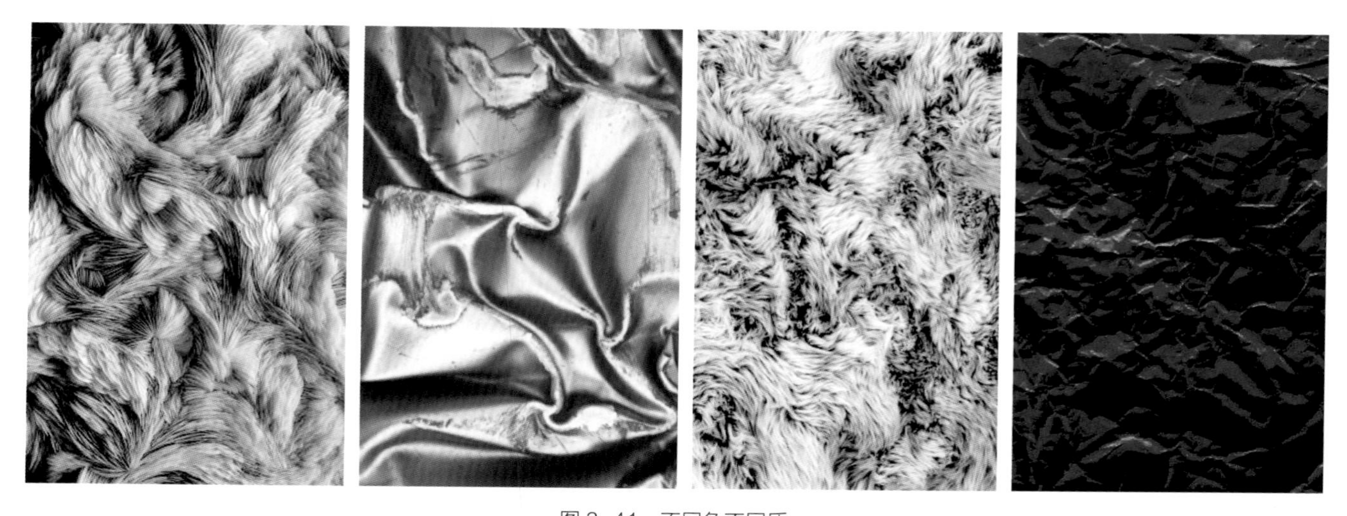

图 3-41　不同色不同质
https://www.pinterest.com

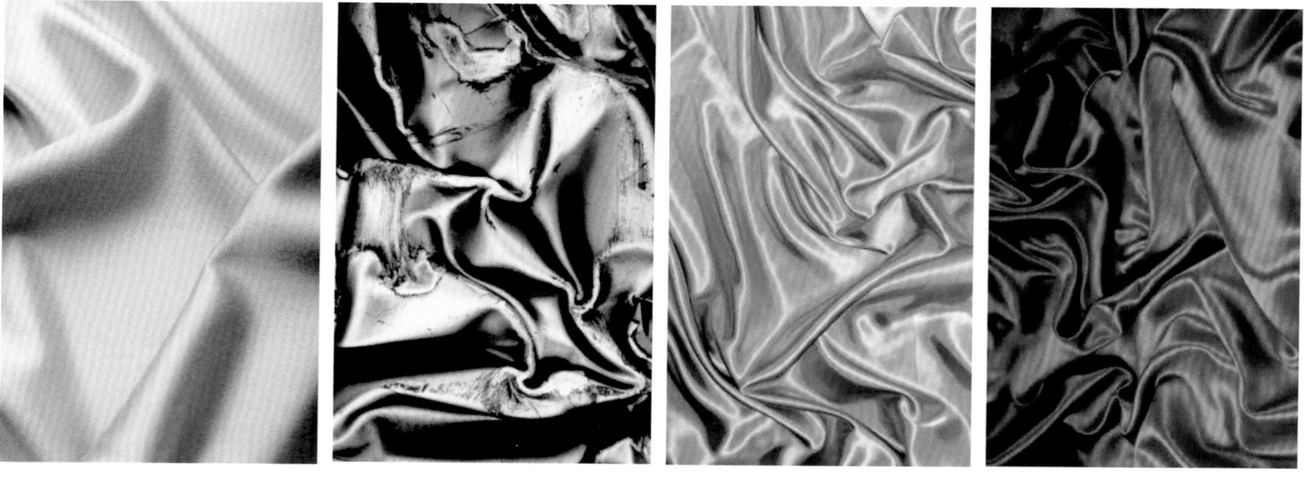

图 3-42　同质不同色
https://www.pinterest.com

（二）面料肌理

面料肌理创新的造型手法丰富多样，在服装的创新肌理设计和运用方面，很多设计师做出了大胆的尝试。在服装设计中运用创新肌理的关键在于必须使材料的表面肌理形式与服装风格、审美观念以及时代特征相适应。

肌理的创新手法非常丰富，从基本的加工原理可以分为以下四种。

（1）结构改变法

结构改变法即改变结构特征，采用的手法有剪切、切割、抽纱、烧花、烂花、撕破、镂空、破烂等（图3-43）。

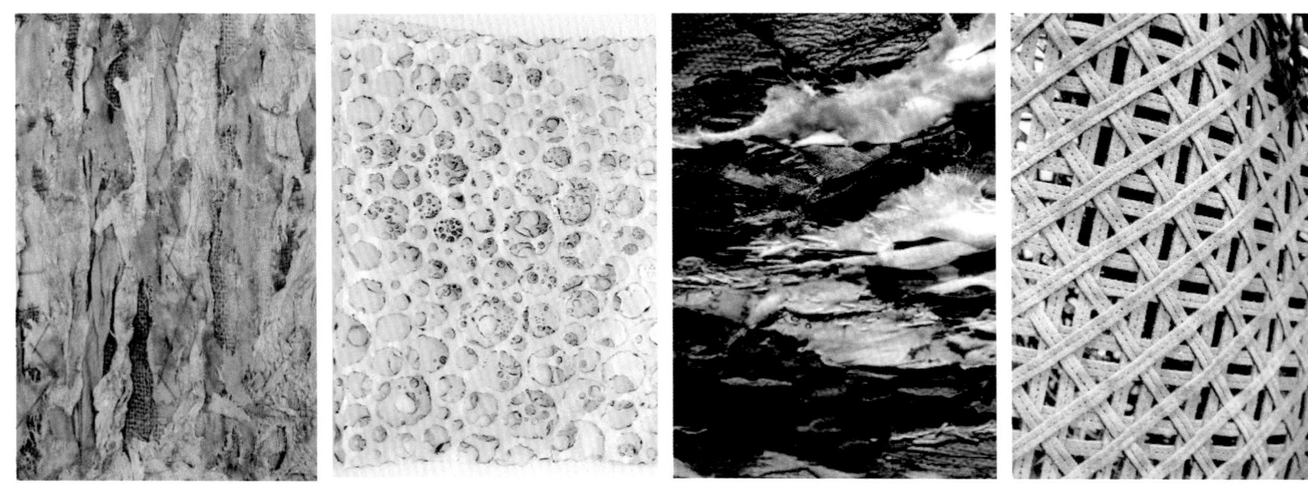

图3-43 结构改变法
https://www.pinterest.com

（2）添附设计法

在成品的表面添加相同或不同的材料；通过缝、钉、热压、绣等方法在现有材料上进行添加设计，产生不同材质的对比（图3-44）。

图3-44 添附设计法
https://www.pinterest.com

（3）整合设计法

将零散的材料组合在一起，形成一个新的整体，创造出高低起伏、错落有致、疏密相间的新颖独特的肌理效果（图3-45）。

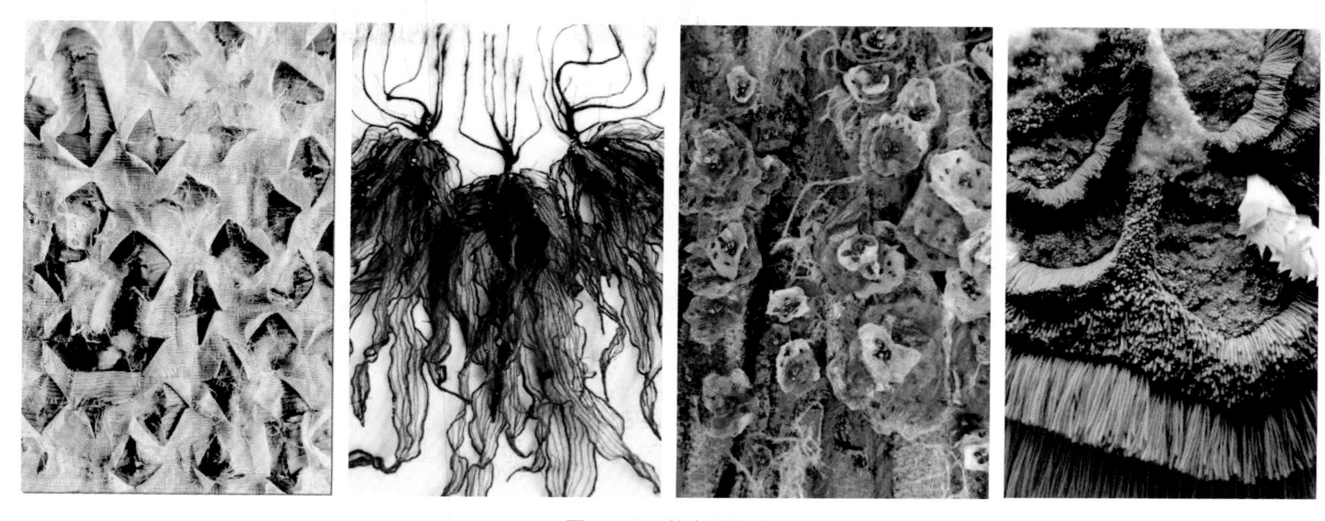

图 3-45　整合设计法
https://www.pinterest.com

（4）变形法

对原有材料的形态特征进行变形，通过抽褶、捏褶、绗缝、车缝、压花、缩缝等工艺手法，改变材质原有的表面形态，形成浮雕和立体效果，并具有强烈的触摸感（图 3-46）。

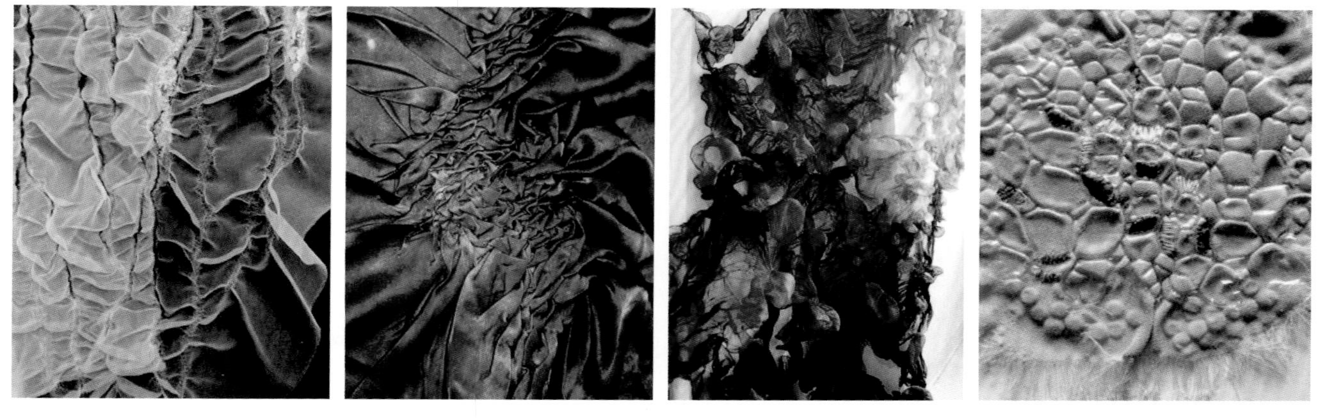

图 3-46　变形法
https://www.pinterest.com

面料肌理的创新手法很多，得到的效果是千变万化的。创新的肌理可以赋予平面的面料立体感、静态的面料流动感、传统的面料现代感、轻薄的面料厚重感、陈旧的面料新鲜感。

（三）面料再造

面料的再造设计是以手工制作为主，可以加强设计者的创新实践动手能力的提高与开发。在设计时要求面料做工精良，工艺创新，搭配协调，注重原创性。面料的再造有以下三种。

1. 单色面料

单色面料主要以白棉布来进行设计制作，首先以草图的形式勾勒出基本骨骼结构，然后通过手工的多种处理手段进行，设计者可以选择出一种设计元素来重复强调出单元结构（图 3-47）。

2. 拼布

拼布主要通过三种面料质感的（同色不同质、同质不同色、不同色不同质）表现方式来进行组合，再根据色彩的变化、面料质感的对比、面积比例的关系来搭配，是面料再造设计表现的重要组成部分（图 3-48）。

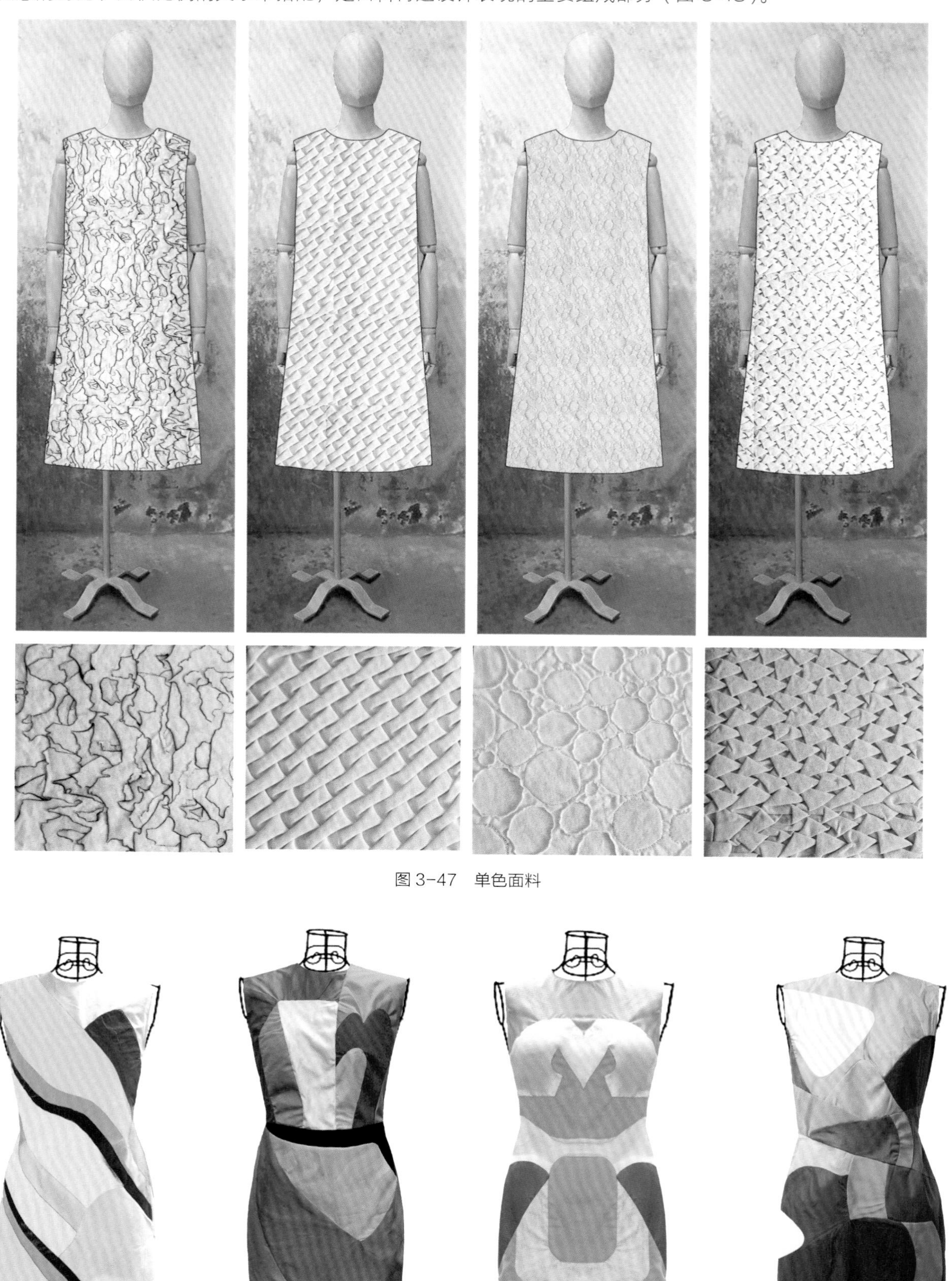

图 3-47　单色面料

图 3-48　拼布

3. 综合材料

综合材料的应用与设计是以在可服用性为主要功能的面料基础上，根据设计需要来选择元素。在不影响穿着功能的基础上，可以选择科技感较强的材料，如金属、装潢装饰材料等（图 3-49）。

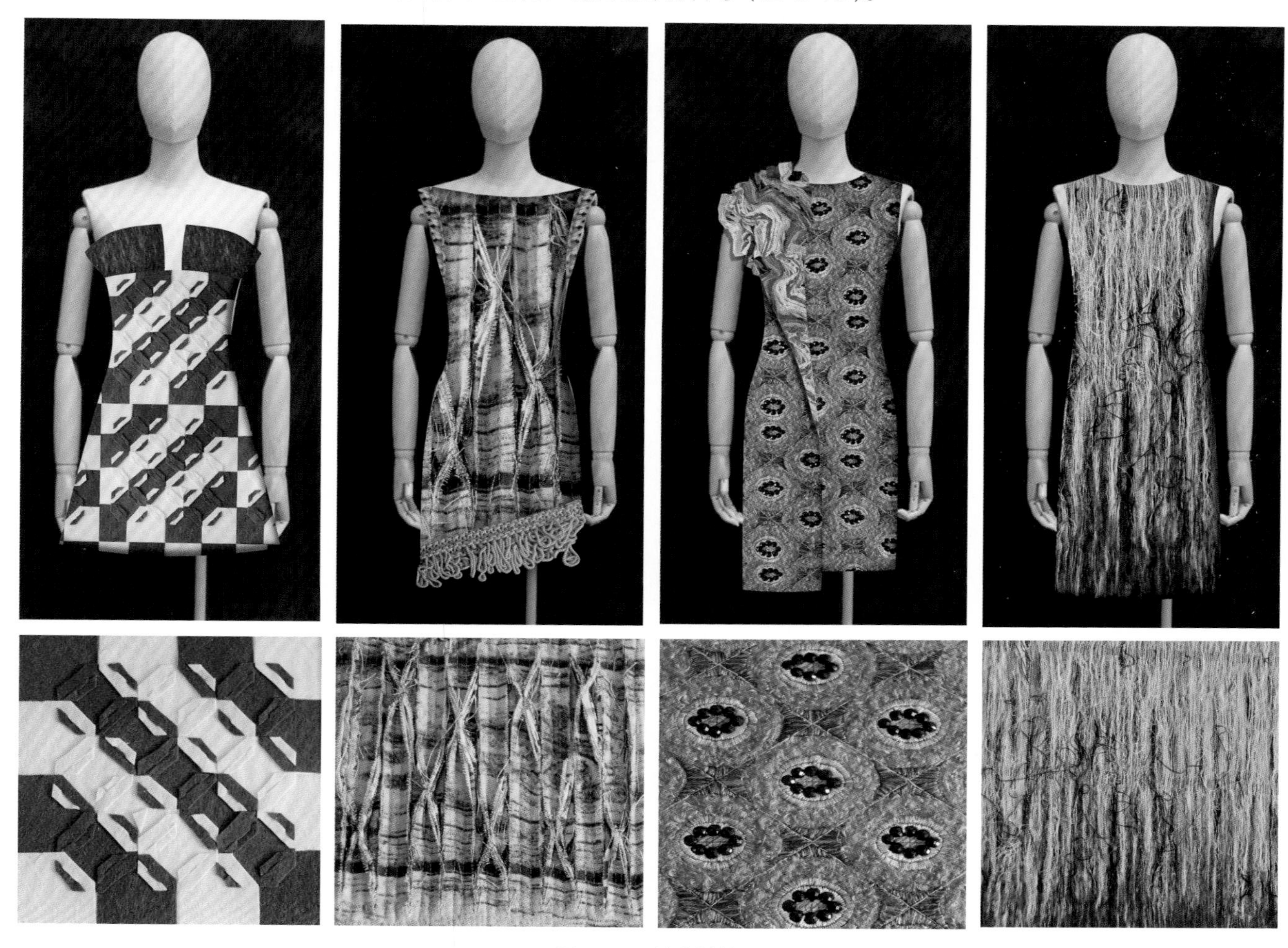

图 3-49　综合材料

Part 4

第四章　服装设计风格与定位

“风格与服装的唯一区别在于工艺和品质。”

——（意大利）乔治·阿玛尼

一　服装设计风格

（一）风格

风格（style）是时尚类型、是艺术概念、是艺术作品在整体上呈现的有代表性的面貌。风格不同于一般的艺术特色，它是通过艺术品所表现出来的相对稳定，反映时代、民族或艺术家的思想和审美等的内在特性。本质在于设计者对审美独特鲜明的表现，有着无限的丰富性。设计者由于不同的生活经历、艺术素养、情感倾向、审美的不同，其风格的形成受到时代、社会、民族等历史条件的影响。题材及体裁、艺术门类对作品风格也有制约作用。

风格是艺术品的独特内容与形式的统一，作为创作主体的艺术家的个性特征与由作品的题材以及社会、时代等历史条件决定的客观特征相统一而形成的。风格的形成有其主、客观的原因。在主观上，艺术家由于各自的生活经历、思想观念、艺术素养、情感倾向、个性特征、审美理想的不同，必然会在艺术创作中自觉或不自觉地形成区别于其他艺术家的各种具有相对稳定性和显著特征的创作个性。在客观上，艺术家创作个性的形成必然要受到其所隶属的时代、社会、民族、阶级等社会历史条件的影响；而艺术品所具体表现的客观对象，所选择的题材及所从属的体裁、艺术门类，对于风格的形成也具有内在的制约作用。

（二）设计风格

设计风格的形成和设计师有不可分割的关系，设计师的设计思想、爱好以及经历等都会影响设计风格的形成与改变。设计风格是在时代、社会、经济、文化等大背景下形成，设计师自己对生活的感触和对事物的态度、体验的不同，在设计风格上就会有不同的倾向。

设计风格可以分为设计师风格和作品风格。设计师风格代表了一个设计师的个性、感情、生活态度、审美取向、文化修养等。设计师们所追求的设计最高境界就是形成自己独特的设计风格，从而体现设计师的自身价值。设计作品风格通常是指具体设计中的风格。设计作品与设计师风格有密切联系，很大程度上会被设计师风格所影响。即使统一设计风格，由于主客观的因素变化，其作品风格也会发生暂时的变化，设计作品会随着时代以及流行的变化，形成设计作品阶段性的风格。这种变化在品牌设计中尤为重要，设计师既要保持自己的风格又要贴合品牌风格，更要顺应时代以及流行趋势的变化。

（三）设计风格的种类

著名的思想家、哲学家、经济学家马克思曾经说过这样一句话：风格就是人。由此，我们可以看出，风格并不是指单纯的商品。设计师在设计的过程中，需要结合时代的发展规律，用一种独特的设计理念，设计出能够体现民族特点、时代变化，具有审美观念以及丰富内涵的服装，使人们在看到设计的作品时，便可以体会到其中蕴含的无形价值。

1. 后现代风格

后现代主义一词最早出现在西班牙作家德·奥尼斯1934年的《西班牙与西班牙语类诗选》一书中，用来描述现代主义内部发生的逆动，特别有一种现代主义纯理性的逆反心理，即为后现代风格。20世纪50年代美国在所谓现代主义衰落的情况下，也逐渐形成后现代主义的文化思潮。受20世纪60年代兴起的大众艺术的影响，后现代风格是对现代风格中纯理性主义倾向的批判，后现代风格强调建筑及室内装潢应具有历史的延续性，但又不拘泥于传统的逻辑思维方式，探索创新造型手法，讲究人情味，常在室内设置夸张、变形的柱式和断裂的拱券，或把古典构件的抽象形式以新的手法组合在一起，即采用非传统的混合、叠加、错位、裂变等手法和象征、隐喻等手段，创造一种融感性与理性、集传统与现代、揉大众与行家于一体的“亦此亦彼”的建筑形象与室内环境，服装设计亦是（图4-1）如此。对后现代风格不能仅仅以所看到的视觉形象来评价，需要透过形象从设计思想来分析。

（1）薇薇安·威斯特伍德（Vivienne Westwood）2018春夏

（2）Redemption 2018春夏

（3）山本耀司（Yohji Yamamoto）2018春夏

（4）安·迪穆拉米斯特（Ann Demeulemeester）2018春夏

图4-1　后现代风格的服装
https://www.taobao.com

2. 中性风格

中性风是指形象打扮具有异性的特质，也保留着自身性别的特质，表现出阴阳融合的风格。需要注意的是，中性风很容易做过头，变成异性风，甚至有许多人混淆了中性风和异性风。中性风是阴柔与阳刚的完美平衡，一旦平衡把握不好，就会变成异性风，人们所说的娘娘腔、男人婆、假小子就是异性风的杰作。中性风完全颠覆了传统观念中男性稳健、硬朗、粗犷的阳刚之美，以及女性高雅、温柔、轻灵的阴柔之美，将阴柔和阳刚进行平衡的混合，创造出了独特崭新的风格（图 4–2）。

（1）Each X Other 2018 春夏

（2）奥利维尔·泰斯金斯（Olivier Theyskens）2018 春夏

（3）Unrave Projectl 2018 春夏

（4）李阳（Yang Li）2018 春夏

图 4–2 中性风格的服装
https://www.taobao.com

3. 极简风格

极简主义（Minimalism）是 20 世纪 60 年代西方现代艺术中重要的流派之一，又被称之为“极少主义”“ABC 艺术”或“初级结构”，是在现代主义艺术发展的后期，美国艺术家在绘画，尤其是在雕塑领域所形成的一种艺术风格。它也是唯一一个在美国发展起来并影响世界艺术和设计领域的风格，成为现代主义的最后一个重要流派。这种艺术风格源于抽象主义，但又把抽象主义中依然存在的空间、形象等元素逐一简化掉，使作品呈现纯粹的几何形式，将色彩精炼到基础的三原色，而空间被压缩成为最基本的二维形式，成为真正的虚无主义。极简风格用数学体系作为创作的基础，从而排除一切能够引起幻觉和想象的因素，注重艺术的内在表现力。在经过了这种近乎极端的简化之后，作品留给观者的只有单纯的视觉和心理刺激（图 4–3）。

（1）Drome 2018 春夏

（2）斯特拉·麦卡特尼（Stella McCartney）2018 春夏

（3）瓦伦丁 · 尤达什金
（Valentin Yudashkin）
2018 春夏

（4）克里斯汀 · 万诺斯
（Christian Wijnants）
2018 春夏

图 4-3　极简风格的服装
https://www.taobao.com

4. 民族与民俗风格

民族风格是吸取中西方民族、民俗文化中具有复古气息元素的服装风格。民族风格的服装在款式、图案、色彩、面料、装饰等地方借鉴了原有的民族特点，同时又进行改变调整，融合现代的元素、精神理念、制作手法和新型材料，从而创作出既具有民族特点又时尚流行的服装作品（图 4-4），如波西米亚风格、吉普赛风格等。他们以民族服装为蓝本，或者以地域民俗文化作为灵感，更注重服装穿着方法和长短内外层次的变化。

民族风格服装的设计灵感构思可以从两方面着手：一是以传统民族服装原有的款式、图腾、色彩、面料、制作工艺为蓝本，提取部分元素直接运用于现代的服装创作上；二是以民俗风作为设计灵感。民族风格的服装大多从灵感来源出发，如可以从东方神话或者西方历史来汲取灵感，通过服装来表达一种对文化的感受。

鄞昌涛（Andrew Gn）2018 春夏

图 4-4　民族与民俗风格的服装
https://www.taobao.com

民族风格的服装大多衣身宽松、层数重叠，并且经常左右片不对称，较少使用分割线，服装外形较为整体，廓型曲线极具美感。该风格多采用中式传统型的衣领，如立领或者西方传统样式的抽褶领等；袖型样式也非常繁多，使用各种各样的喇叭袖、泡泡袖和工艺袖口如缺口、开衩、镶边、绣花等；门襟以中式对襟或者交襟居多；袋型为暗袋或者无袋设计；在装饰上常采用流苏、刺绣、缎带、珠片、盘口、补子等传统的典型装饰品来突出民族服装风格。

5. 运动风格

运动风格通常借鉴运动装的设计元素，轻松舒适、充满活力，常运用分割、面料拼接、拉链口袋装饰等手法。廓型多运用 H 型和 O 型，宽松清爽，便于活动。运动风格服装的领型以圆领、V 领、翻领和高领居多，面料大多也选用棉、网眼、针织等透气舒适的面料，充分发挥面料的功能性。色彩也是以鲜艳明亮的颜色为主，能体现运动感。袖子上的袖窿较大且宽松，袖口较小常用罗纹收紧。在运动风格的服装中还经常见到颜色对比鲜明的嵌条使用，并且会在显眼

的地方放置商标（图 4-5）。

皮加勒（Pigalle）
2018 春夏

拉科斯特（Lacoste）
2018 春夏

彪马和蕾哈娜联名系列
（Fenty X Puma）2018 春夏

Y-3 2018 春夏

图 4-5　运动风格的服装
https://www.taobao.com

6. 繁复风格

多元化的现代女装在简单与繁复之间不停变化，造型形式在简朴纯净与极致复杂中交错进行（图 4-6）。极繁主义被看成是一种与极简主义相对的、打破了“少即是好”“少即是多”的设计形式。其强调反复、奢华和丰富的装饰手法，并影响了许多领域，诸如建筑、家具、女装的设计等。

（1）川久保玲
（Comme Des Garcons）
2018 春夏

（2）桑姆 · 布朗尼
（Thom Browne）2018 春夏

（3）津森千里
（Tsumori Chisato）
2018 春夏

（4）薇薇安 · 威斯特伍德
（Vivienne Westwood）
2018 春夏

图 4-6　繁复风格的服装
https://www.taobao.com

二　服装设计定位

（一）设计定位的定义

定位（orientation）是指确定方位、方向、定向、适应、确定或指出的地方，确定场所或给这个地域界限的定位。该词出自于《韩非子·扬权》："审名以定位，明分以辩类。"

设计定位（Design orientation）是指在设计前期搜寻、整理、分析资讯的基础上，综合一个具体产品的使用功能、材料、工艺、结构、尺寸、廓型和风格而形成的设计目标或设计方向。设计师要进行广泛的资讯搜寻，以全新的设计思维去进行创新构思并逐步使之具体化，在此基础上确立设计目标和设计方向。服装设计中确定设计定位尤为重要，它决定着一系列设计过程中要解决的问题，包括主题、色彩、面料、廓型、款式等诸多设计因素。

（二）设计定位的种类

服装设计定位根据具体的比重分为实用装、创新装、实用兼创新装三个种类，它们之间相互作用和相互联系，并不是孤立存在的。

1. 实用装

设计作品在直接或间接地满足物质和精神需要的同时，必须具有一定的实用性。在拥有新的设计功能、新材料的运用的同时，需要通过对目标消费群体、性价比、成衣价值定位等因素的认真分析，再确保它是一件实用的设计产品。同时，穿戴更加简便，不会对穿着者造成困扰，兼具健康性与环保性，符合当下的生活方式，才能说一件产品具有着良好的实用性（图 4-7）。

（1）伊莎贝尔·玛兰（Isabel Marant）2018 春夏

（2）Dice Kayek 2018 春夏

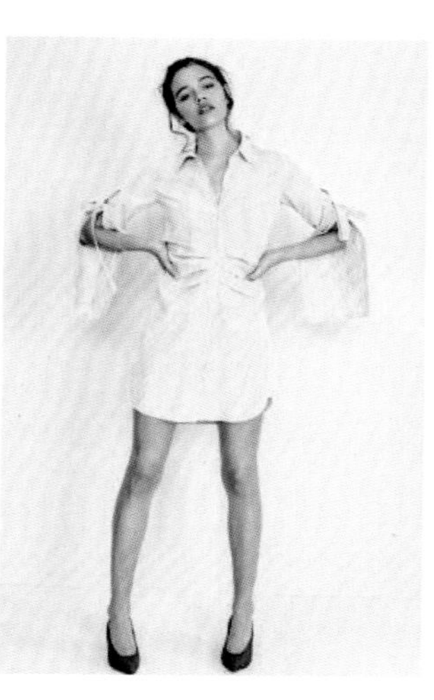

（3）Deborah Lyons 2018 春夏

（4）Sandro 2018 春夏

图 4-7　实用装
https://www.taobao.com

实用性服装的设计不同于以精神价值为主的艺术品，其使用功能是判断其存在价值的决定性因素。一件设计成衣，如果不能在功能上有所超越，即使外观设计得再美观，也不能说是成功的设计。任何设计产品都不可能达到真正的完美，随着人类对于其功能的不断想象和研发实践，成衣也在不断地发展和改进。

2. 创新装

创新设计是把看似简单的东西、想法不断延伸的另一种表现方式，设计除了具备实用装的设计因素外，还需要融入"与众不同的设计理念——创新"。思维处于中心地位，而在思维的顶峰，就是创造力。从知识、素质、能力结构系统来看，创造力是一个高层次的能力结构。

创新设计就是运用创造性思维进行构思，原创性是创新装的核心，把设计者的想象力发挥到极致，更加注重艺术表现，从多个不同的设计视角、文化背景着手，逐步展开、反复推敲、不断捕捉设计灵感、不断寻找设计的创新点，从新视点、新功能、新材料、新工艺切入，使服装设计中的各个构成元素通过创新思维，逐渐形成设计的结构框架（图4-8）。

（1）森永邦彦（Anrealage）2018春夏

（2）渡边淳弥（Junya Watanabe）2018春夏

（3）二宫启（Noir Kei Ninomiya）2018春夏

（4）温迪·吉姆（Wendy Jim）2018春夏

图4-8 创新
https://www.taobao.com

3. 实用兼创新装

实用兼创新装设计具有实用装和创新装两者的表现特点，在以实用装为主要设计的基础上，叠加一些创新元素（图4-9）。此类设计适合追求时尚前卫又不张扬的人群。设计者不但要具备良好的设计功底和艺术修养，还要具备对时尚的理解与把握，尤其是对消费者心理、市场需求和尺度的把握。此类创新设计要在不影响服装的功能性和可穿性的基础上得到视觉上的美化，从而起到画龙点睛的作用。

（1）Filles a Papa 2018春夏

（2）二宫启（Noir Kei Ninomiya）2018春夏

（3）Mira Mikati 2018春夏

（4）Maticevski 2018春夏

图4-9 实用兼创新装
https://www.taobao.com

Part 5.

第五章　服装设计思维的表现

“设计是图像化表现的思维。”

——（美国）索尔·巴斯

服装设计思维的表现分为服装设计导图、服装设计草图、服装设计图、服装款式结构图、服装流行趋势提案、服装版面设计及排版。

一　服装设计思维导图

服装设计思维导图是一种把包含诸多想法的设计过程围绕核心设计思维拓展开来的方法。它可以强化分解和拓展设计思维，通过直观视觉化和脉络，表达思维的分层、归纳。同时，它也能够表达设计者想表现的符号和概念（图 5-1）。

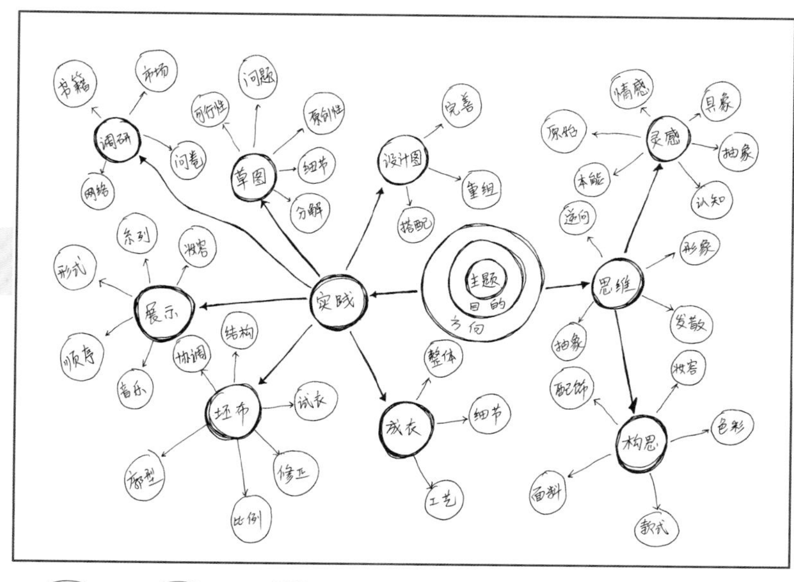

主题 → 思维 → 构思 → 灵感

主题 → 实践 → 调研 → 草图 → 设计图 → 坯布 → 成衣 → 展示

图 5-1　服装设计思维导图

二 服装设计草图

服装设计草图是在确认设计图之前的手稿图，根据设计立意、主题、设计师的情感表达，可以像速写一样，记录设计的过程和细节。草图和草率是截然不同的两个概念，采用速写的绘画形式，把服装的款式、色彩、面料进行标注，也可通过着色直接表现出来。

服装设计草图的表现手法一般可分为以下两种表现形式。

（1）可以不拘泥于细节，通过奔放的线条、较强的主观性，把设计师的最初设计想法表现出来。看似随性，其实表现出了设计者真实的设计情感，生动率性。

（2）采用严谨的线条，把设计稿中的设计细节准确地表现出来。该种表现手法是在设计稿之前，准备一个人体动态图（正、背面），绘制接近真实人体的人体，有利于更真实地展示服装款式。同时，也可以根据服装款式，将人体上半身与下半身分开来，使之成为两个单独的模板。最后根据需要复制若干个组合，通过电脑排版或复印的方法。

草图绘制不要用橡皮进行反复涂改，应保留原始笔触。所以服装设计草图最初用笔轻些为好，确认线要加重，使主线和辅线分明。同时标注工艺手段、面料选用、色彩搭配、细部分解文字说明（图 5-2）。

图 5-2　服装设计草图

三 服装设计图

（一）定义

服装设计图（Fashion Illustration）是以绘画作为基本手法，通过使用丰富的艺术处理方法来表现服装设计造型和整体氛围的一种艺术形式。服装设计图具有多元化、多重性的特点。从艺术的角度出发，它是在强调绘画和艺术感的重要性，注重美化设计，强调艺术性与审美价值。然而从设计的角度出发，服装设计图只是表现服装的一个手段，包括服装结构、款式造型、色彩搭配的表现，要清晰准确地表达，强调设计的原创性和趋势性。

（二）服装设计图的绘制分类

服装设计图通常分为手绘设计图和电脑设计图。

1. 手绘设计图及其工具

手绘是服装设计图表现的重要技术手法。

手绘设计图在于准确捕捉某些灵感，将设计源泉直观地表现出来，以此为依据进行草图的绘画，再调整为线稿，最后加以完善成为设计图。通常将从最初的线稿到上色完成的完整过程称为“手绘服装设计图”。

设计师必须对服装设计图和款式图的创作过程熟练，因为服装设计图是表现设计师设计理念的最直观手段。从最初的服装设计图，直至服装广告、宣传和插图等方面的广泛使用，服装设计图变为了一种艺术形式，很好地反映了服装的风格与魅力。同时其风格也不设限制，各种各样，具有不一样的欣赏价值，趣味十足，但是不管画法如何自由，仍要以表达服装款式为最终目的。

手绘设计图的绘制工具主要有笔、纸、画板、颜料、橡皮等工具。画笔的种类有很多种，如水彩笔、毛笔、彩铅、马克笔、油画棒、炭笔等。不同的笔可以表现不同的效果，并且它们的使用方法也不一样。如毛笔一般于颜料平涂或渲染；马克笔则体现色彩的透明干净，两种颜色的重叠会产生复色，更侧重于大效果的绘画，绘图速度快，整体画面的现代感强烈；油画棒则具有蜡性和油性，不容易与其他颜色融合，适合表现毛线和纱线等粗纤维织物的质感。

纸的种类主要分为卡纸、水彩纸、素描纸、宣纸等。卡纸较为硬挺，吸水性较差，适合用水粉表现，卡纸又分为白卡、黑卡、色卡等；水彩纸的表面具有极为丰富的肌理效果，可以更好地表现服装的面料质感；素描纸特别适合用铅笔、彩铅和炭笔去表现设计图；宣纸作为国画的专业用纸，具有渲染效果，可根据设计风格的表现不同分为工笔画和写意画。

常用的颜料主要有水溶笔、马克笔和水彩，有时候还会用到丙烯颜料。水彩颜料薄且透明，覆盖力差，所以上色

图 5-3　手绘设计图

不易太厚太干，适合表现轻薄的面料。而丙烯颜料的表现效果介于水粉颜料和油画颜料之间（图 5-3）。

2. 电脑设计图及其应用

服装设计中常用的软件类工具有服装 CAD、PS、CorelDRAW、Painter、AI 等。应用工具还包括手绘板、复印机、扫描仪、数码相机等。

CAD 系统是服装设计数码类的主要使用工具，英文全称为“Computer Aided Design”，中文含义是计算机辅助设计。服装 CAD 就是计算机辅助服装设计，包括款式设计、出样、放码、排料等。从功能上可以划分为用于服装面料的设计与服装款式的设计。设计师在电脑上设计服装款式和衣片，电脑上可以储存大量的款式图、花型及图案，让设计师去选择或加以改造，设计效率大大提高。

PS 是一种位图软件，是位图软件市场中的主流软件，主要用于位图的修改和设计，也是每个设计师的必备软件。PS 主要用于绘制设计图、图案的设计以及服装的色彩效果，如线的粗细、色调、阴影等。

CorelDRAW 是一种矢量排版软件，最早是用于报纸排版的软件，但现在也广泛使用在服装设计中。

Painter 的功能与 PS 类似，但是画笔的功能多一些，可以囊括生活中所有我们能看见的笔触，而且和手绘板一起使用更加自然。

电脑绘图通常的应用顺序是从手绘轮廓开始，具体步骤为：①先在白纸上手绘出轮廓图，再根据个人喜好描绘为线稿。②把线稿扫描进电脑。③在软件中打开线稿，清除白色部分。在之后的作图中，“线稿”图层要放在最上面，且总是在最上面。

服装效果图到底是手绘还是电脑绘图，一直都是很多设计者们纠结的问题。根据设计师的喜好和基础，发挥自身特长，熟练使用电脑绘图是服装设计师必须要掌握的一门技能。总之，我们要根据自己的特长和喜好，来选取最适合的设计图的表现形式和绘画方法（图 5-4）。

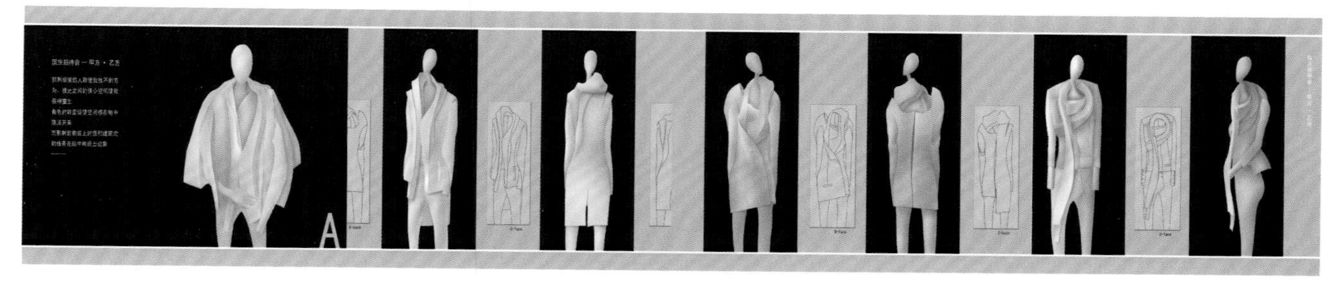

图 5-4　电脑设计图

（三）服装设计图的完整性

一个完整的服装设计图不仅是一张服装画，其中还包括了人体着装图、设计主题、款式图、工艺说明、面料小样、设计说明等。设计初学者还会使用到大量的白坯布，用来制作样衣和坯样。人台一般为半身的人体模架，主要用于试穿样衣，可以更好地矫正样衣。

服装设计图分为单张构图和多张构图。单张构图为一张设计图（通常尺寸为 A3），涵盖了所有款式的表现；多张设计图则是把多套服装打散，组合成为一个系列。在设计图的后一页通常会摆放服装款式结构图、设计构思及面料小样等，而根据个人需求也可以做成多页，以作品集的形式装订成册。其中面料小样常被忽视，但是，出色的面料小样也会成为设计中的点睛之笔，也需要细心制作，不可忽视。

（四）服装设计图的构图

服装设计图的构图是指在绘画的过程中根据设计灵感和设计主题的要求，在绘制服装设计图时，根据主题和设计思维，把要想表现的服装和人物组织起来，把设计者想表现的服装表达出来，构成一个协调、美观、完整的设计作品。

服装设计图的构图与绘画、摄影等其他艺术类别的构图相比，更加注重设计元素、设计手法以及设计思维的呈现。在通过线条、色彩、元素、技巧等绘制手法的运用之外，整个服装设计图的构图也十分重要。生动的构图更容易吸引眼球，能展现设计者的独特构思。作为一个设计者，应当认识到构图模式取决于不同思维的转化能力和设计者的洞察力，这需要我们不断尝试与创新（图 5-5）。

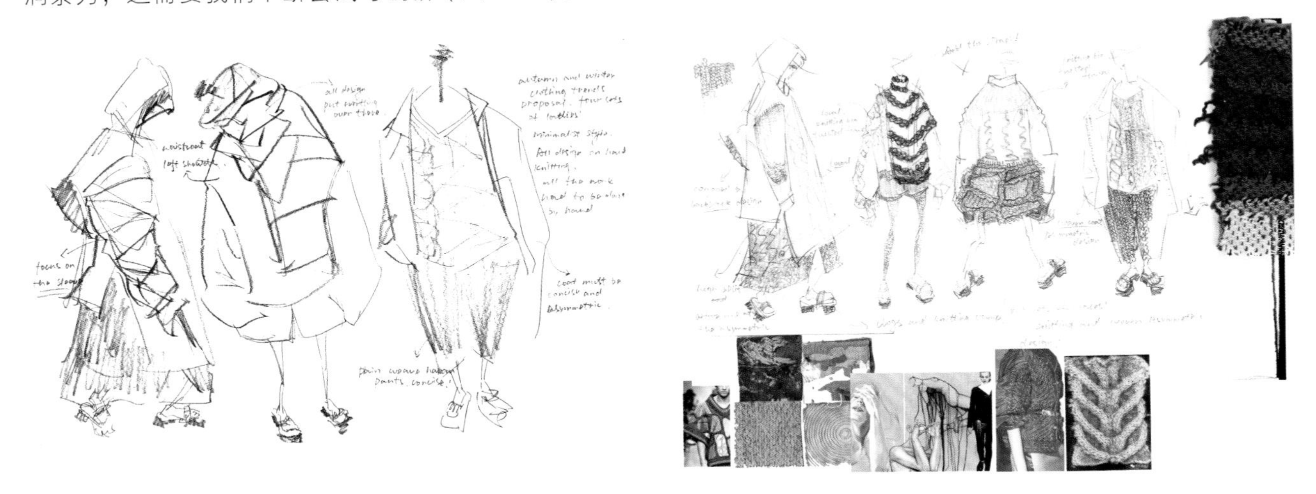

图 5-5　服装设计图的构图

（五）服装设计图的系列化设计

系列化是指通过对同一类产品发展规律的分析研究、国内外产品发展趋势的预测，结合本国的生产技术条件，经过全面的技术经济比较，对产品的主要参数、型式、尺寸、基本结构等作出的合理安排与规划。服装系列化设计是指那些具有鲜明设计风格的、在整个风格系列中每套各有特点的服装。它们多是根据某一主题而设计制作的、具有相同元素而又多数量和多件套的设计作品，呈现出了系列化和多元化的发展趋势。系列化的设计不仅在视觉上给人以美的次序性感受，而且在展示中突出了设计风格和品牌形象，也是创新设计思维在服装设计中的重要表现之一。

不同设计风格的系列服装设计，以重复、强调和变化细节的系列化节奏产生出强烈的视觉感染力和冲击力。服装设计作品的整体效果及系列作品的深度与广度，都以系列服装中各要素之间的组合为手段得以呈现。

在做具体设计时，可以从以下两方面来考虑：①服装的原创性、功能性及服装单品的表现形式、立体裁剪、色彩搭配、面料形态、结构处理、工艺手段、廓型等因素。②服装单品与系列服装之间的逻辑关系，即服装内外结构分割线的协调关系、色彩搭配关系、面料形态关系、服装设计风格关系、配饰搭配关系、“共性”与“个性”相呼应的关系等。此外，还必须考虑服装与人的关系、服装与生活环境的关系、服装的整体协调关系，来研究设计中形成的服装整体及其组合形成的完整体之间的逻辑关系。

服装系列化的构成特点：①系列服装元素的组合表现为次序性、协调性、灵活性。②系列服装的构成要素有数量要素、共性要素、个性要素。③系列服装的构成原则为整体性、相似性、关联性。④系列服装的构成规律是视觉中心的变化与转移、个性与共性、局部与整体的统一性。

（六）服装设计图的种类

服装设计图按服装的种类一般分为运动类、内衣类、礼服类、针织类、皮草与皮革类、休闲类等。

1. 运动类设计图

运动装的设计图要准确表达设计的舒适性及功能性，更要符合人体功效和面料的环保特殊性。设计应具有便于穿脱的特点，注意人体部位运动与静止时的状态，同时面料应具有透气性和吸汗的特征，所以针织和弹力耐磨的面料在此类设计中应用较为广泛。色彩以拼色为主，具有活力，常用的设计元素有拉链、抽带、罗口、明线等，设计时要根据所设计的运动项目种类做区分，可搭配手套、帽子、防护配件、箱包、鞋靴等运动装备。

在设计图的表现上，动态要夸张，富有力度和动感；线条应简洁明快，特别是分割线在装饰的基础上应具有运动感，表现出运动装特有的性能（图 5-6）。

图 5-6 运动类设计图

2. 内衣类设计图

内衣作为一个独立的服装种类，因年龄、性别以及季节、场合的不同，人们对内衣的选择存在着天壤之别。其中以女性内衣最为讲究，款式、材质、印花、色彩以及搭配等最为丰富。面料以丝质、棉质、莱卡等为主，由于直接接触肌肤，应强调其环保性和舒适性。

其设计图表现应注意对人体生理特征、胸部及臀部进行适度夸张，内衣设计图对于人体的完整性不做过多的要求，可半身或全身，动态不易夸张，多以站姿为主。主要是设计者对内衣设计中款式的细致描绘，从而较为完整地表现出设计特点与理念（图 5-7）。

图 5-7 内衣类设计图

3. 礼服类设计图

礼服多是在特定的场合穿着，其款式繁多、用途广泛，如晚宴、婚礼、沙龙等社交场合的服装。传统意义上的礼服设计，多采用高档名贵的礼服面料，如柔软且悬垂性能好的丝绸，特点是典雅、华丽、高贵。而现代礼服设计的面料应用广泛，可以不受其他限制。

在设计图表现时，要注意确定穿着礼服的时间、地点及场合后再进行绘制，从而达到符合整体画面表现的效果，如人物站姿优雅、人体比例夸张但不失和谐的设计效果，还可搭配头饰、手包等配饰。同时，礼服类设计图中的设计元素应用也很广泛，如刺绣、珠绣、镶嵌等，可以强调手工感（图 5-8）。

图 5-8　礼服类设计图

4. 针织类设计图

针织面料有着伸缩性强、质地柔软、透气性好和悬垂性较强等特点。针织服装设计分为机织和手工编织，机织面料通过计算针数来设计所需要的造型，其纱线一般比较细；手工编织是一种常见的传统工艺手法，更加灵活多变。目前，市场上针织面料也较为常见，可以剪裁，同梭织物面料的使用方式一样。

此类设计图表现注重针织物的结构，它明显区别于梭织面料，其纹路组织更为清晰，可在织纹和图案上下功夫，使其产生立体、半立体、镂空、浮雕等效果。其中设计元素的应用也较为广泛，如流苏、镶嵌、羽毛、面料拼接 、染色等（图 5-9）。

图 5-9　针织类设计图

5. 皮草与皮革类设计图

皮草分为人造皮草和天然皮草，表面质感相当，厚重感、柔顺性较强。皮革质地分为漆皮和亚光。皮革设计中结构分割和拼接的应用较为广泛，明线设计和拉链的应用也较为常见。由于皮革的特性，设计中也可采用镂空、流苏等设计元素。

在设计图表现皮草时，因为皮草的种类繁多，可根据其毛发的长短和结构特征来表现，有的廓型体积感和厚重感较强，有的则轻松自然。而皮革更加注重表面的光泽感和纹理，线条要干净利落，层次明确（图 5-10）。

图 5-10　皮草与皮革类设计图

6. 休闲类设计图

休闲装分为商务休闲、户外休闲、生活休闲等。其色彩以自然色系为主；款式实用舒适、环保性强、科技含量居多；配饰上搭配较全面，围脖、箱包、手套、帽子等；面料多以针织、棉麻、牛仔等居多，也可搭配皮草、印花和涂层等。

休闲装的设计图表现可根据休闲装的不同分类，运用不同的表现手法，动态上灵活多变，可与相关道具、自然等背景来烘托主题。近年来，街头文化和多元文化已成为当下的流行时尚。其设计元素的应用也很广泛，以口袋、拉链、明线、拼色，染色等居多（图 5-11）。

图 5-11　休闲类设计图

7. 羽绒类设计图

羽绒服是指内充羽绒填料的上衣，外形庞大圆润，廓型感较强，具有体积感。所有类别中，羽绒服保暖性最好，多为寒冷地区的人们所穿，最常见的羽绒服填充物是鹅绒和鸭绒，这两种按颜色分，又可分为白绒和灰绒。

其设计图表现多以户外休闲、生活休闲等为主，造型多为夸张的服装廓型，面料的防水性较强，其一般主要是尼龙塔夫绸和涤棉（TC）或采用 PU 涂层面料。由于羽绒服里面的填充物是羽绒，所以面料应当具备防绒、防风及透气性能等。

羽绒类的设计元素应用也很广泛，以口袋、拉链、明线、拼色、染色、绗缝等为主。色彩以大地色系居多，未来感的金银色也是设计者常用的颜色之一。款式实用，舒适性、环保性、科技性含量较高。同时由于羽绒服的秋冬感较强，配饰上的搭配也较全面，如围脖、箱包、手套、帽子等，都具有保暖性。此外，也可搭配皮草、印花和涂层等（图5-12）。

图 5-12　羽绒类设计图

四　服装款式图

款式图的绘制是服装设计过程中的重要组成部分，这是不可或缺的。设计图可以根据设计师的个人修养和喜爱去注重表现，而款式图的要求则相反，款式图相当于缝制衣服的工艺制作，要求十分严谨，大到板型的比例关系，小到一针一线。可以说，款式图是设计的基础，就像建筑中的结构图，要求成品的合理性和可实现性。

服装的款式结构设计，要与设计、主题、灵感充分地结合起来。体现出设计师对设计款式和设计背景的创意，表达出设计理念。

在制作成衣的过程中不要忽略详细的服装款式结构图，只要设计图或款式图不完整，制板师无法在这两种图中理解设计者想表达的设计理念和服装款式，所以完整的款式结构图是十分重要的（正、反面款式图、面料小样、里布小样、辅料、详细的工艺说明、配色、面料组合、结构说明等）。设计师要立体地思考具体款式，人体是圆的，应统一整体地进行设计，比如设计元素的应用、线条的衔接等。

只有完整的服装款式图才可以充分体现设计者的设计水平和成衣制作的可实现性。因此，服装款式结构图是创新设计中至关重要的组成部分。

（一）款式图的绘制要求

（1）线条：圆顺、平滑，富有弹性。线条的运笔要有力度，圆滑流畅，不能有重复的线迹，用笔轻重要统一。

（2）比例：服装款式图要符合人体的结构比例，如肩宽和衣长、袖长之间的比例等。

（3）文字说明：设计稿需更详细、准确。可以省略设计主题等花哨的内容，但是工艺程序、尺寸规格、材料制定、型号的标注、装饰明线的距离、唛头及线号的选用等内容都要十分仔细，不能有一点差错。

（4）造型：廓型明确，内外结构合理、协调，比例准确。

（5）细节：领型、袖型、衣片及服装零部件的设计元素要表现细致。

（6）方法：绘制方法分为电脑、手绘、电脑加手绘等，手绘款式图要有一个基本模板，如西服需分为正背面，强调表现的完整性。

（7）透视：要处理好正背面领子、下摆（衣片、裙片、裤片）、袖口等的透视关系。

（二）款式图的绘制方法

绘制款式图常使用的尺子有直尺、皮尺、角尺、六字尺、曲线尺、量角器等，宜使用有机玻璃制作的尺子，因为有机玻璃尺透明，在制图时线不会被遮挡，且刻度清楚、伸缩率小、准确性很强。铅笔一般使用 2H、HB、2B 铅笔，要求画线细致清晰，不可以使用水笔、钢笔、圆珠笔制图。

1. 平面展开款式图表现法

平面展开款式图是服装设计常用的一种表现手法，结构严谨、表达清晰明了，如服装的正背面、外轮廓造型线、内结构线与分割线、设计元素等细节都表达得很清楚。有时特殊设计也要有侧面或局部细节分解图与放大图（图5-13）。

图 5-13

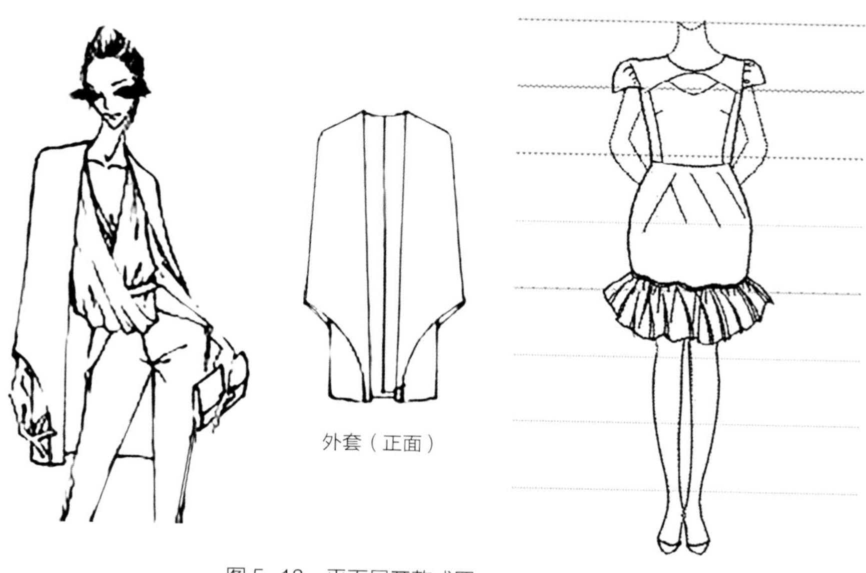

图 5-13　平面展开款式图

2. 立体展开款式图表现法

在款式图表现中，平面展开款式图更加注重服装款式的平面表现，主要以线稿为主。而立体展开款式图可以采用素描的方法来表现立体造型，也可以采用着色的表现手法，这样能够充分刻画服装的细节特征，同时可以针对服装的衣纹、明暗关系、设计元素等加以渲染，更能表现出服装的面料搭配与质感特征，将服装的穿着动态、衣着搭配与风格特征明确地表现出来。

衣纹是由于人体的结构和人体运动而产生，如肋下、肘部、腰膝及裤脚、袖口、衣服下摆等地方的褶纹，不但纹路多，而且还会有规律地反复出现。掌握了它们的规律后，不管如何变化都可以准确地将它们画出来，这些衣纹能够完美地展现出服装的质感和肢体的动态（图 5-14）。

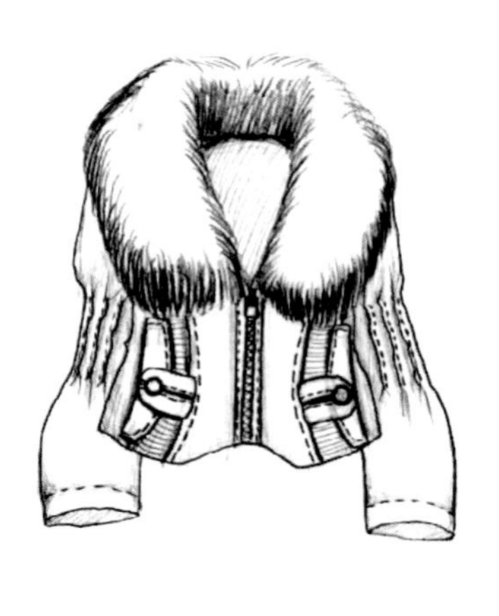

图 5-14　立体展开款式图

（三）款式结构图的基本分类

1. 衬衫（Shirt）

衬衫是一种有领有袖的前开门襟内上衣，并且袖口有扣。其前开襟常用锁眼和钉扣，而袖口一般用叠袖和袖扣，标准衬衫的领子上有领尖扣，以这种扣子的方式来固定处于视觉中心的领子部位，便于固定领带和领结。

按照用途的不同，衬衫可分为贴身合体衬衫和宽松衬衫，也可分为正装衬衫和休闲装衬衫，前者是穿在内衣与外衣之间的款式，其袖窿较小便于穿着外套；后者由于单独穿用，袖窿可放大，便于活动，且花色繁多。衬衫最初多为男用，后逐渐被女子采用，现已成为常用服装之一。

衬衫的类型有正装衬衫、休闲衬衫、家居衬衫、度假衬衫等（图 5-15）。

图 5-15　衬衫的款式结构图

2. 夹克（Jacket）

夹克是生活中最常见的一种短上衣，造型轻便、活泼、富有朝气，一般为翻领和对襟，多用按扣（子母扣）或拉链，便于工作和活动。由于夹克多为拉链开襟的外套，也有人把一些衣长较短、款式较厚，同时可以当作外套来穿的纽扣开襟衬衫称作夹克。

夹克的风格变化较自由，具有口袋多，功能性较强、自然大方、宽松舒适、穿脱方便的特点，可适用多种场合。主体线条以宽松类型为主，尺寸、长度一般不超过臀围线。下摆两侧可带扣襻、扣带夹、松紧带等。

夹克的类型有休闲夹克、猎装夹克、飞行员夹克、机车夹克等（图 5-16）。

3. 马甲（Vest）

马甲也称为背心或坎肩，是一种无领无袖且衣长较短的上衣。

马甲可以穿在外衣之内，也可以穿在内衣之外，主要功能是使前后胸区域保温并便于双手活动且穿脱方便。按衣身外形，分为收腰式、直腰式等；按领式则分为无领、立领、翻领、驳领等。男式马甲长度通常在腰以下及臀以上，但女式马甲中有少数长度不到腰部的紧身小马甲或超过臀部的长马甲。

马甲的类型有西服马甲、羽绒马甲、针织马甲、牛仔马甲等（图 5-17）。

4. 大衣（Overcoat 、Topcoat）

大衣指为了防风御寒，上下连为一体，穿在一般衣服外面的长外衣。衣长过臀的外穿服装，广义上也包括风衣、雨衣。

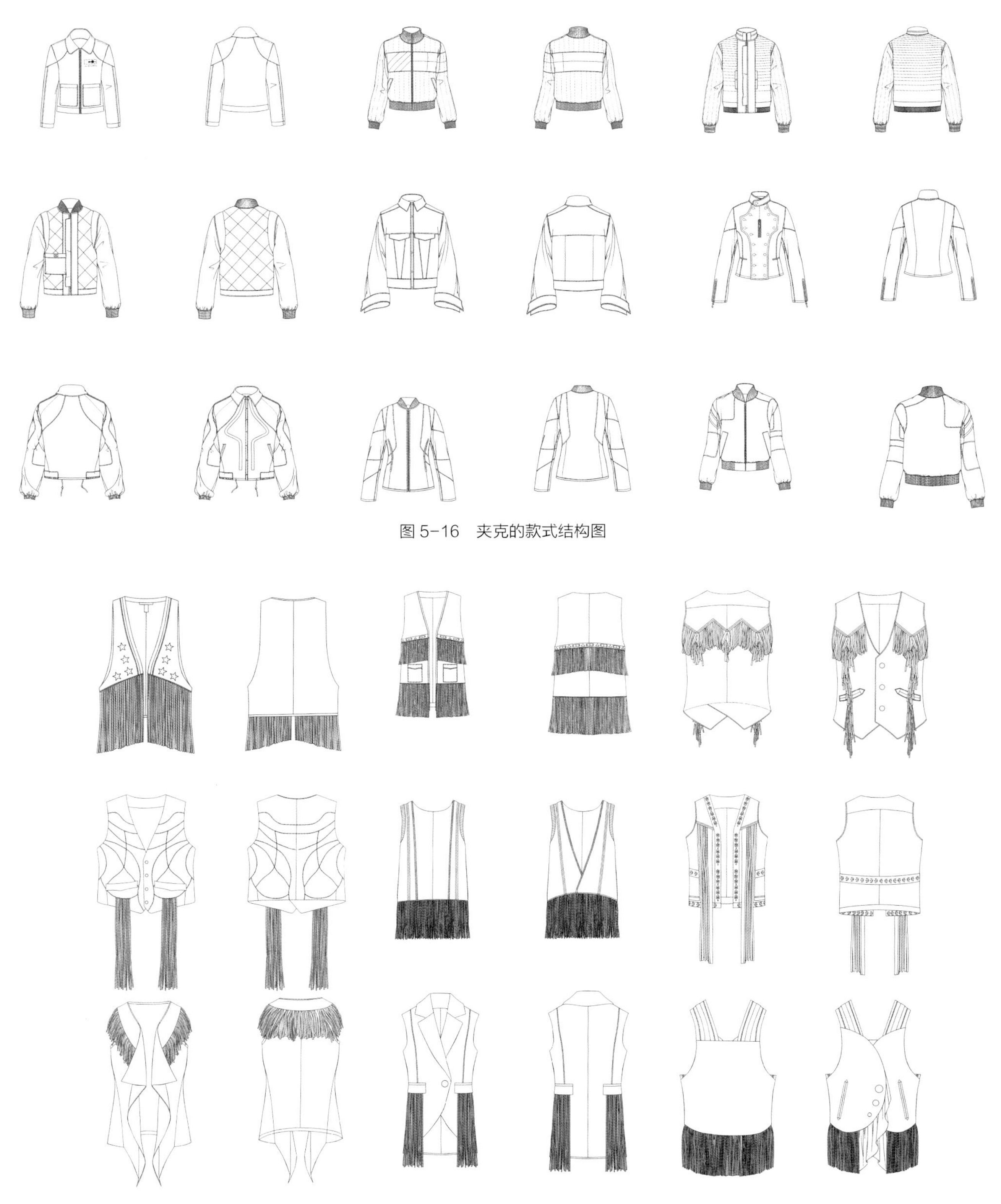

图 5-16　夹克的款式结构图

图 5-17　马甲的款式结构图

大衣按长短分为短大衣、中长大衣和长大衣，其中长度至膝盖以下，约占人体总高度 5/8+8cm 的为长大衣；长度至膝盖或膝盖略上，约占人体总高度 1/2+12cm 的为中大衣；长度至臀围或臀围略下，约占人体总高度 1/2 的为短大衣。

大衣的类型有毛呢大衣、棉大衣、羽绒大衣、裘皮大衣、皮革大衣、连帽风雪大衣等（图 5-18）。

图 5-18　大衣的款式结构图

5. 裤子（Trousers）

裤子一般由裤腰、裤裆和裤腿缝纫而成，其结构分为腰头、腰襻和绱腰，是下装的基本形式之一。

裤子可以有多种搭配，适合正式场合穿着，款式多样。按裤腰在腰节线的位置区分，有中腰裤、低腰裤、高腰裤；按裤长区分，有长裤（裤口至胫中以下）、七分裤（裤摆至膝以下、胫中以上）、短裤（裤口至膝以上）和超短裤（裤口及大腿中部）。

裤子的类型有西裤、直筒裤、锥型裤、铅笔裤、背带裤、马裤、灯笼裤、裙裤、连衣裤、喇叭裤等（图 5-19）。

6. 裙子（Skirt）

裙子指一种围在腰部以下的服装，多为女子着装，也是下装的基本形式之一。

按裙腰在腰节线的位置区分，有中腰裙、低腰裙、高腰裙；按裙长分，有长裙（裙摆至胫中以下）、中裙（裙摆至膝以下、胫中以上）、短裙（裙摆至膝以上）和超短裙（裙摆仅及大腿中部）；按裙体外型轮廓分，大致可分为筒裙、斜裙和缠绕裙三大类。

裙子的类型有背心裙、斜裙、鱼尾裙、超短裙、褶裙、筒裙、旗袍裙、西服裙等。

7. 连衣裙（One-piece Dress）

连衣裙是裙子中的一类，指上衣与下裙连成单体的一件式服装。

连衣裙在各种款式造型中种类最多，变化多样。在女上衣和在裙体上可以变化的各种因素几乎都可以组合构成连衣裙的样式，而且连衣裙还可以根据造型的需要，形成各种不同的廓型和腰节位置。连衣裙包括低腰型（腰位置在腰

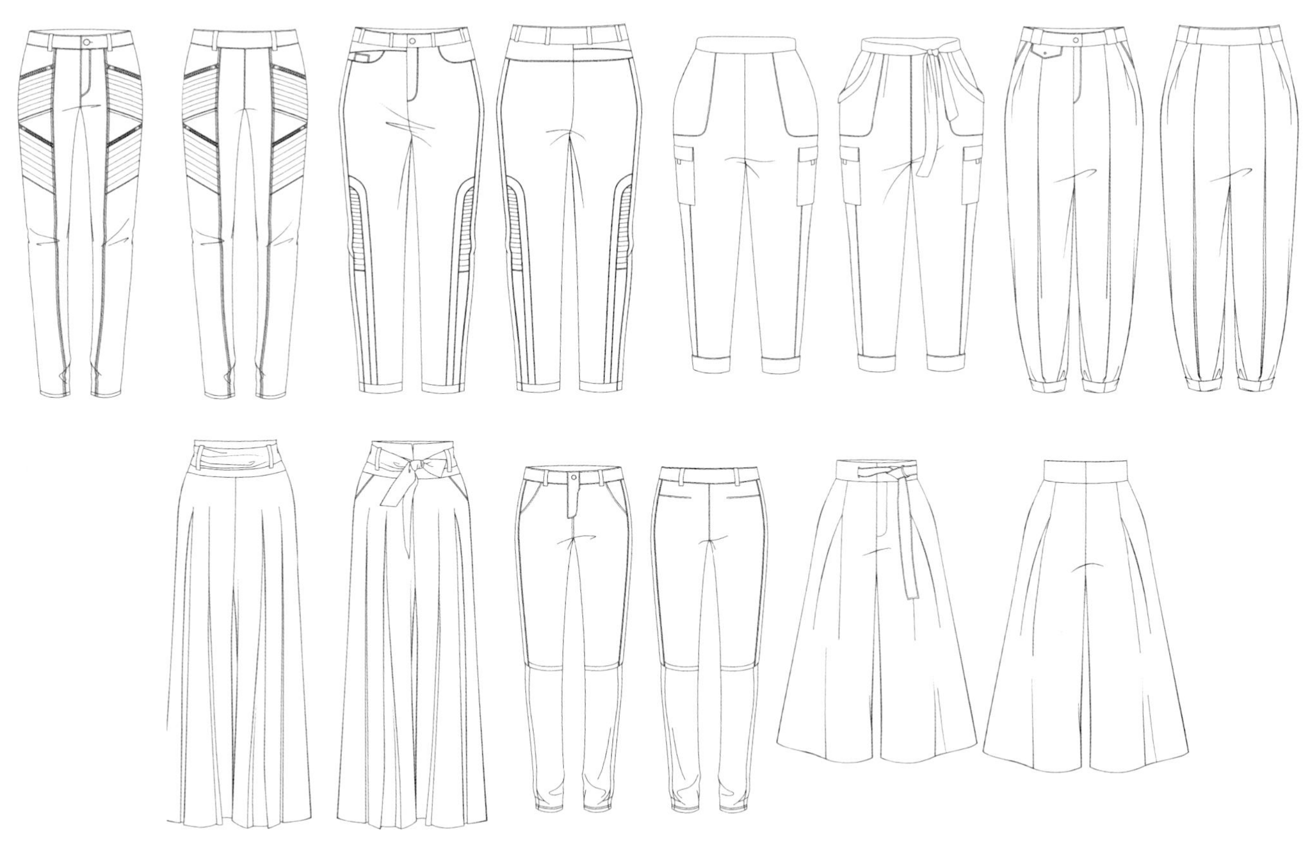

图 5-19 裤子的款式结构图

围线以下）、高腰型（腰位置在腰围线以上）和标准型。

连衣裙的类型有直身裙、A 字裙、礼服裙、公主裙、迷你裙、吊带连衣裙等（图 5-20）。

图 5-20 连衣裙的款式结构图

8. 西服（Western-style Clothes）

西服即西式上衣的一种形式。一般把有翻领和驳头、三个衣兜、衣长在臀围线以下的上衣称作“西服”。其造型的外观效果挺括，穿着舒适，给人以严谨、挺拔、庄重的感觉。

西服按上衣的纽扣排列来划分，分为单排扣西装上衣与双排扣西装上衣，单排西服又可分为一粒扣、二粒扣、三粒扣、四粒扣等。上衣袖口处均钉 1~4 枚小纽扣作装饰，这对窄而短的西装袖来说有和谐、放松的作用。另外西装左边的翻领上都有一个扣眼，而右侧的领子上却不钉相匹配的纽扣，因为它是用来扣住右侧领子的第一颗暗纽扣的，用作防御风沙和冬天保暖。

西服的类型有礼服、便服、平驳领、戗驳领、翻驳领等（图 5-21）。

图 5-21　西服的款式结构图

五　服装流行趋势提案

流行是指一个时期内社会或某一群体中广泛流传的生活方式，是一个时代的表达。即在一定的历史时期内，一定数量范围的人，受某种意识的驱使，以模仿为媒介而普遍采用某种生活行为、生活方式或观念意识时所形成的社会现象。对于服装流行，需要根据多种影响因素综合分析，预先了解其发展方向。现阶段服装流行风格的持续以及未来一段时期的发展方向，称之为服装的流行趋势。

服装流行趋势是市场经济的产物，也可以说是社会经济和社会思潮的产物。它是在收集、挖掘、整理并综合大量国际流行动态信息的基础上，反馈并超前反映给市场，以引导生产和消费。服装流行趋势的内容主要包括色彩、面料、款式、配饰、妆容等。一般会提前 24 个月根据国际流行色彩会议，并通过讨论确定色彩提案，相关企业如染料商会较早得到信息而投入生产，6 个月后色彩提案公布，纤维和面料展览也开始进行，这时流行趋势便开始与服装结合并进行着风格、款式和细节的推进。

（一）流行趋势

流行产生的因素很多，不是一个独立的社会现象，它代表着整个社会时代总的发展趋势。服装的流行受到政治、经济、文化、社会思潮、宗教、环境等诸多因素的作用和影响，但无论时代怎样变迁，都有其发展的规律特征和客观性的一面，尤其要更注重趋势预测的创新性。

流行是在一定的空间和时间内形成的，体现了整个时代的面貌特征。所以流行信息对服装设计师的创作具有十分重要的意义，对服装流行趋势的分析、领悟和应用都将成为服装设计行业竞争力的关键。流行趋势会经历萌芽期、成长期、兴盛期和衰落期，并呈现出波浪式前进、曲线式上升的规律，流行的元素不是简单的重复，而是体现了时代特征的痕迹。了解服装流行趋势的运转周期，能够帮助设计师紧跟时代潮流、寻找设计灵感，从而设计出与时尚相适应的作品。

服装流行趋势的预测是指对未来某段时期服装的款式、色彩、材料、廓型、整体设计风格倾向的一种推测。

（二）流行趋势的重要性

文化的潮流、经济的兴衰、生活方式的改变、宗教的信仰、媒体的传播、科技的发展、环境的改善、战争的突变等都会影响着流行趋势。它通过媒体、网络或社会等途径，引导设计师了解与把握消费者关注的问题、新季度流行的走向以及国外流行的动态等。流行趋势的信息可以帮助设计师抓住服装设计的方向，以此来规划自己主题系列产品的开发。这也就彰显了流行趋势的研究对服装设计起着至关重要的作用。

设计师可以关注国内外流行趋势报告，通过研究，整理出自己认为未来季度最有可能的流行趋势走向，从而确定产品主题、色彩与面料等。流行趋势报告中的信息在产品设计中能起到一定的指导作用。准确地把握流行趋势对服装设计师的原创设计来说是至关重要的。当然，仅仅只靠权威性的流行趋势信息进行服装设计还是不够的，服装设计师还应该具备从各式各样的资料与信息中找出流行特征的知识能力。

服装流行现象是服装消费中的必然产物，设计师了解并尽量掌握服装流行的规律是至关重要的任务与工作，因此不论是设计师还是服装企业，都应该密切关注市场流行的动向，积极获取和研究各种流行权威机构和相关机构的流行发布，结合自身的经验和总结分析能力，来制定合理的市场战略。但是，不论流行预测机构多么权威，流行预测毕竟属于猜测性质的信息，不具有必然实现性和差异性，所以设计师和企业不能无条件地信赖流行预测，必须在实践中研究和分析市场流行现象，根据实际情况做出相对客观的设计战略计划。

流行趋势预测的结果对于大部分和时尚相关领域的从业人员来说是一种工具，特别是在选择色彩、材料、廓型和细节等方面，成为设计师们的指路明灯（图 5-22）。

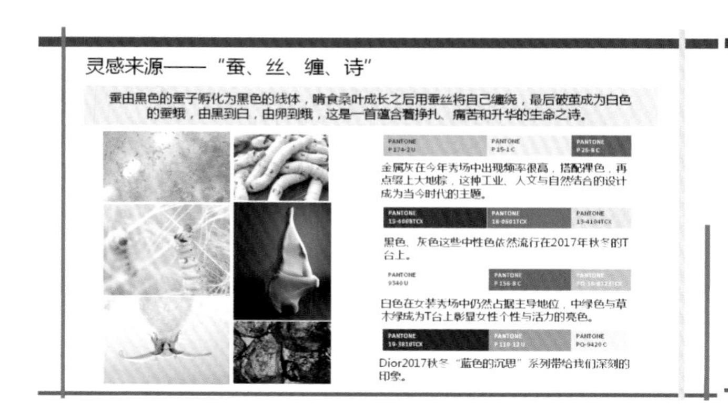

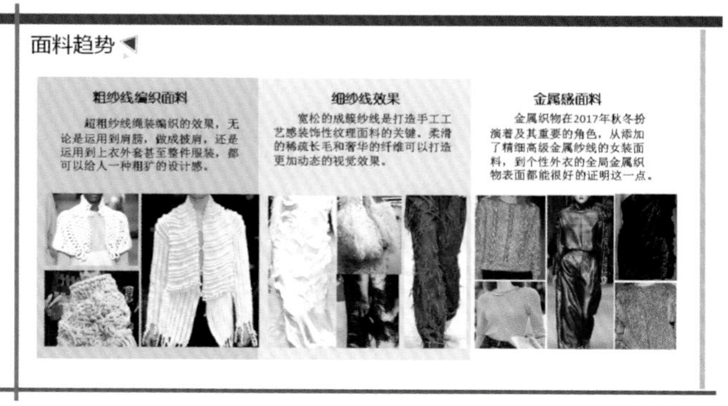

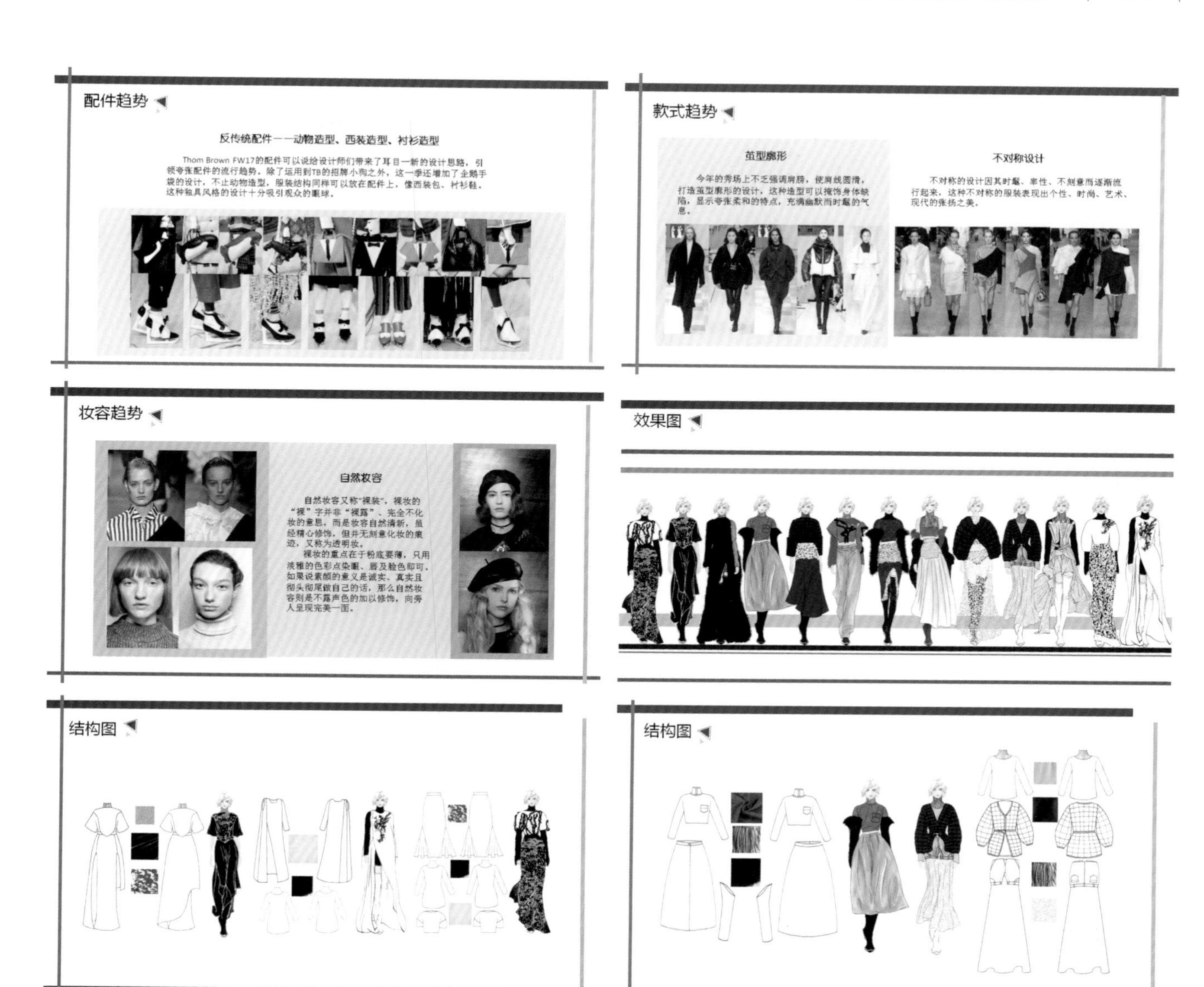

图 5-22　服装流行趋势提案

（三）流行趋势提案设计的步骤

流行趋势提案的设计可总结为以下七个步骤。

1. 灵感图的收集

灵感图位于趋势预测提案的首要位置，一般是根据设计者的创新意图来寻找激发设计灵感的图片，可以由一张或多张图片（一般不超过 3 张）组成。图片风格统一、形式多样，可以分为具象或抽象，如绘画作品、自然景观、人文景观、建筑、民族民俗等，小到微观世界，大到宇宙空间。

2. 主题趋势

设计主题的确立，主要是根据设计灵感所激发的创作题目，需要体现设计者的文化修养和精神内涵，可以由一个字或一句话组成，如《融》《光》《回》等，再如《青海就像梦一样》与《星期六晚上的冥想》，此外也可以借鉴文学作品中的某句话，如《鲁迅故里》等。

围绕着主题思想，文字的描述内容应该是对主题的诠释，通过政治、经济、文化思潮作为阐述的背景，紧扣主题，语言要表述清晰、简练，一般控制在 100 字之内。

3. 色彩趋势

色彩趋势提案是在灵感图的图片中提取所需要的色彩，分为主色、辅助色、亮色三组。每组色彩一般在3~5种，同时每个色彩必须标注色卡号，如潘通（PANTONE）国际色卡号。

4. 面料趋势

面料趋势是设计者根据设计理念和设计意图来选择出一种或多种不同风格、不同质感的面料组合，可以通过图片或事物来展示。面料的组成一般可分为同色不同质感和不同色不同质感。

5. 款式趋势

根据设计者所设计的风格，收集最新流行时尚发布会中的成衣款式，最后通过发布会现场图片或款式结构图来展示。款式趋势分为单品和套装，需要通过正反面服装款式结构图来完整表现。

6. 配饰趋势

配饰是服装设计中的重要组成部分，设计者不可忽略，关键是要结合最新流行时尚和根据服装设计风格的需要来进行整体搭配，其包括鞋靴、箱包、首饰、头饰（帽子）等。

7. 妆容趋势

当前流行时尚趋势中的形象设计包括发型、妆容、人物形象等，可以将其作为借鉴，也可以自己来设计出与服装设计风格相匹配的妆容。

六 服装版面设计及排版

（一）版面设计

在综合了各方面信息的基础上，针对所有搜集的资料，要提高其中图片的质量，并进行整理归类、存档，以利于编排。进行归纳总结的版面设计包括主题、灵感、色彩、款式、妆容、配饰、服装设计效果图等，最后才形成了对未来流行趋势走向的整体判断。

版面设计要符合自身的设计风格定位，同时又能唤起目标读者的强烈共鸣，这样才是好的版式设计。版式的功能不能忽略，它维系着设计理念，同时也是设计师情感的表达。

归纳总结图片，主要能够起到以下三个作用。

1. 传播流行时尚信息。无论是图文并茂还是图文对位，图片都有传播信息的作用。图片与文字间隔安排处理得当，通过“用文字叙述，用照片证实”的传播方式，极大地满足了读者的信息需求。

2. 视觉中心。这是美国心理学家B · F. 斯金纳提出的一个概念——视觉接触中心（CVI——The Center of Visual lmpact）。他认为一个有创造性的和谐的版面设计，就是要在版面上安排一个强有力的视觉接触中心，而图片就是版面上最具强势的视觉刺激物，能产生视觉上的冲击和视觉中心效果。

3. 装饰美化。从审美的角度讲，图片本身就是一件艺术品，一张好的图片在版面中能起到“画龙点睛”的作用。它具有直观、形象的特点，较之单调的文字稿要有趣得多。图片在表现动态和使版面变得多样、生动方面起着十分重要的作用，特别是辅助性图片的装饰美化作用不容置疑。因为这样的图片本身就是为美化版面而存在，使其更具个性化，这对版面来说尤显重要。

好的版面设计，首先就需要一个“模块式”版面设计的确立，这种“模块”化处理的版面比起以往“图书式”版面来说，整个版面上文章间的主次关系更加清楚明了而且重点突出，使读者面对这个版面的时候，一眼就可以辨认出什么才是重点。因此，作为版式设计师，必须仔细考虑版面的图文关系以及视觉流程。

此外，版面设计和排版是有所区别，但容易混淆。简单地说排版是版面设计程序中的正稿的编排，更侧重技术性，即运用技术手段将文字、设计图、趋势提案等内容组织起来，打印时要分页；而版面设计更具有创新性和艺术性，需要组合起来形成设计风格。

（二）版面设计常用软件

版面设计的常用软件有 CoreIDRAW、PageMaker、Adobe InDesign、FreeHand 等。

（三）版面设计的程序

（1）构思并画出草图。绘制若干草图作为备选。

（2）选出设计稿。根据设计要求从草图中选出一个或多个设计稿，并进一步绘制出细节。

（3）正稿。在最终设计方案中，进行设计、编排、绘制等。

（4）流行趋势提案的确定。

（5）统稿。核对文字纰漏、设计图等。

（四）排版

排版是在有限的空间里，将版面设计的构成要素，如文字字体、设计图、趋势提案、线条线框和色彩等，根据设计主题组合排列，并运用形式美原则及造型要素，把设计理念和设计方案表达出来。

服装设计图的排版分为竖向和横向。

服装设计图的“横向排版”也是我们在服装设计图创作中常用的手法。运用点、线、面的构成原理，相互依存、相互作用组合出各种形式，通过处理形状、方向、大小、位置、平衡等因素，以及局部与整体之间的关系，从而形成画面的视觉中心，点缀和活跃版面。

服装设计图的“竖向排版”是将纸张用竖版的形式来进行设计图的绘制，但在构图和排版中具有一定的局限性，所以一般还是使用横向排版。竖向排版通常被用来做多页的表现形式，并装订成册，需要具备以下两种特点。

（1）先表现好人物动态，再进行大胆的尝试，要体现服装设计图本身的精髓。

（2）服装特色决定了竖向排版作品的精彩程度，构图与画面要互相呼应（图 5-23）。

从美学上讲，图片在版面上的应用，加强了点、线、面三大设计基本元素的组合和对比关系，对于以往只有点状文字和线状的装饰线、区隔线等元素构成的版面来说，图片的运用增加了版面的丰富性和表现力（图 5-24）。

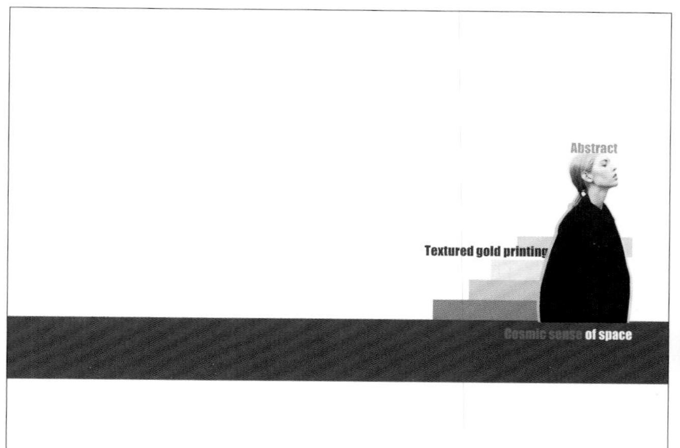

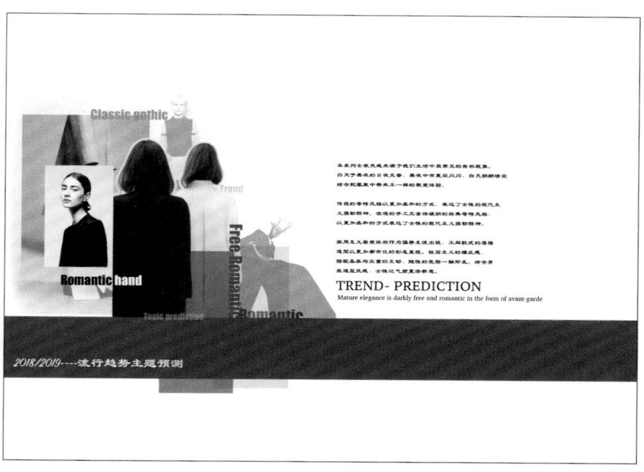

图 5-23

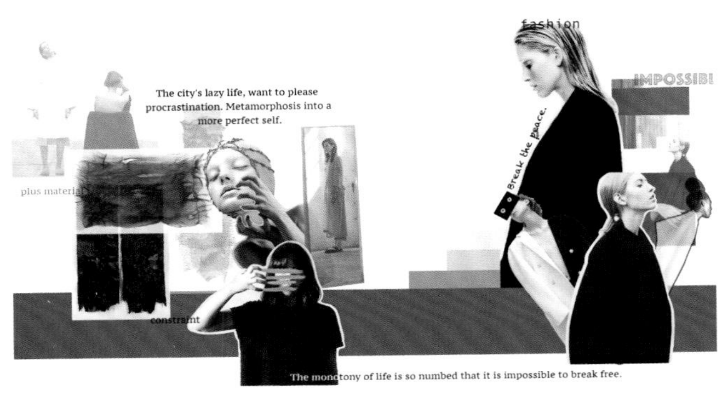
fashion
IMPOSSIBI
The city's lazy life, want to please procrastination. Metamorphosis into a more perfect self.
Break the peace.
plus material
constraint
The monotony of life is so numbed that it is impossible to break free.

TWO--PIECE
Cool and succinct

Abstract jacquard
The fabric of the mixed material has a rebellious night charm, showing a new type of camouflage.
NOCTURNE- decorative wear
Cosmic sense of space
Textured gold printing
2018/2019----主题下的面料倾向

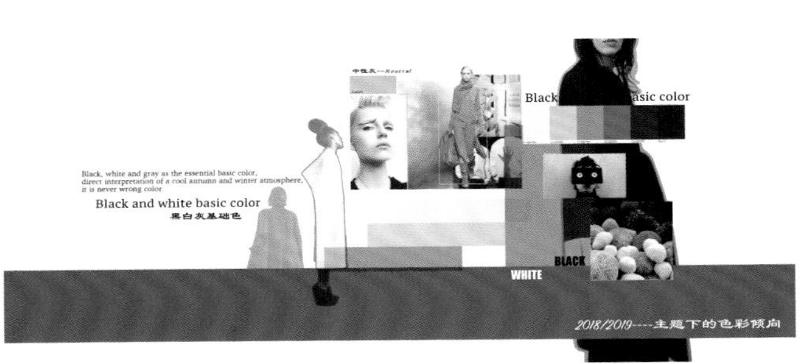
Black and white basic color
黑白灰基础色
WHITE
BLACK
2018/2019----主题下的色彩倾向

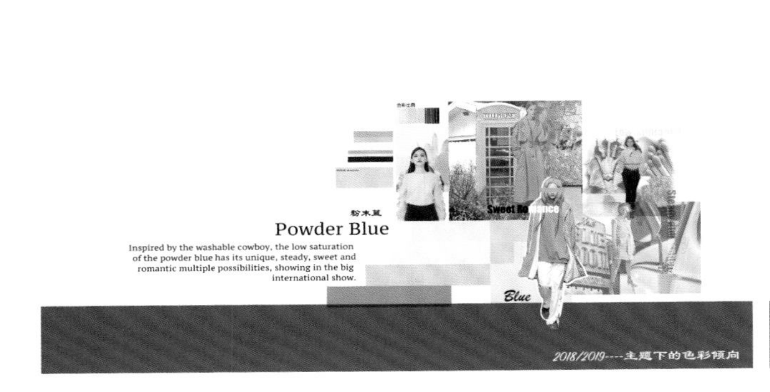
粉末蓝
Powder Blue
Inspired by the washable cowboy, the low saturation of the powder blue has its unique, steady, sweet and romantic multiple possibilities, showing in the big international show.
Blue
2018/2019----主题下的色彩倾向

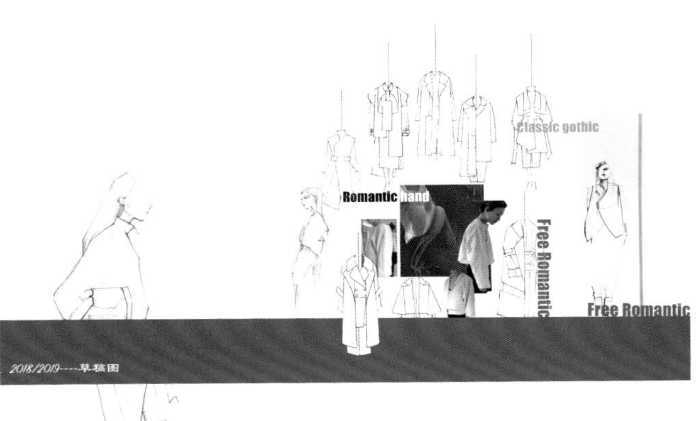
Classic gothic
Romantic hand
Free Romantic
Free Romantic
2018/2019----草稿图

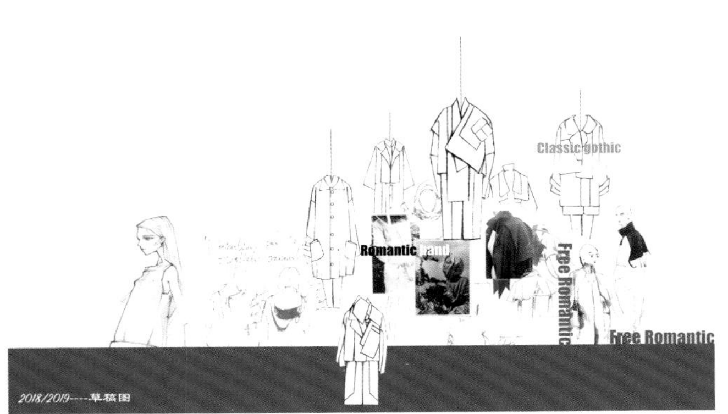
Classic gothic
Romantic hand
Free Romantic
Free Romantic
2018/2019----草稿图

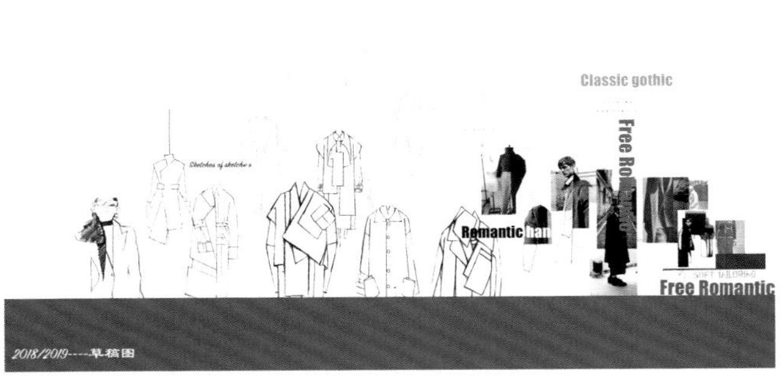
Classic gothic
Free Romantic
Romantic han
Free Romantic
2018/2019----草稿图

图 5-23　服装设计图的横向排版

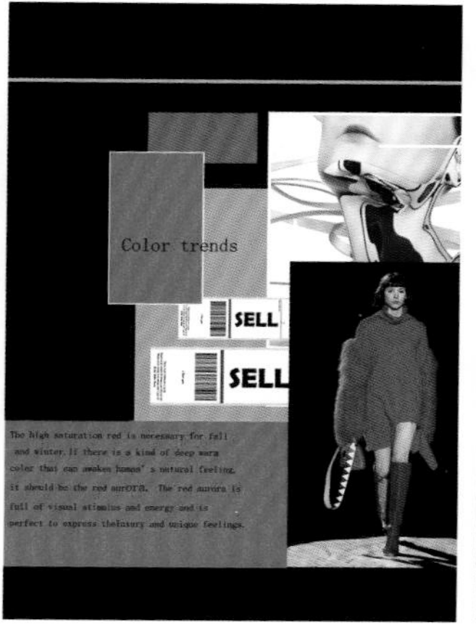

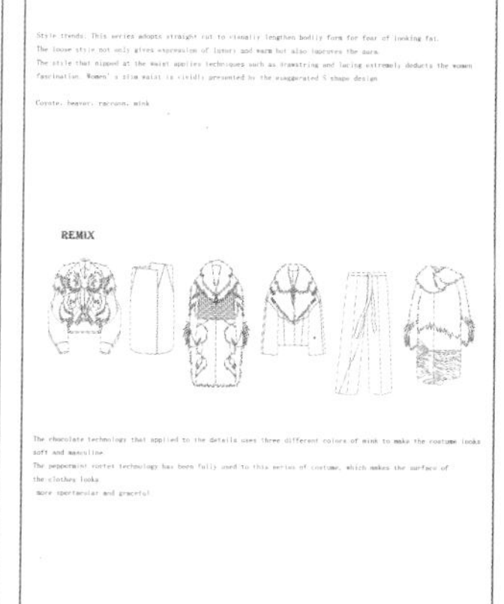

图 5-24　服装设计图的竖向排版

Part 6

第六章　创新设计思维与实践——案例分析

一　随时随地

第六届“益鑫泰”中国服装设计最高奖

一等奖 / 设计师　袁大鹏

《随时随地》男装系列设计采用素描写实手法，质感表现清晰，着重描写局部细节设计，以几何形为设计元素，立体感较强，人物表现特点突出，动态轻松、自然。

设计草图简洁大气，设计中心表达明确，服装比例关系协调统一，充分体现了设计者对主题的诠释。

第六届"益鑫泰"中国服装设计最高评审奖

The sixth "Isunte" China fashion design award for the highest accreditation.

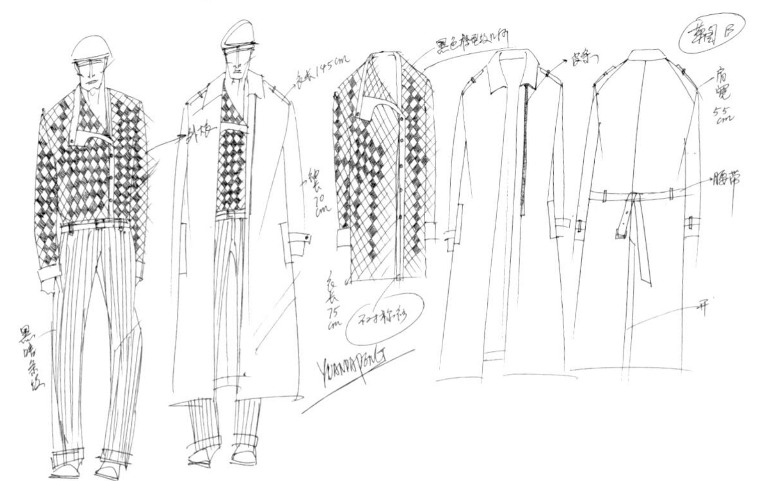

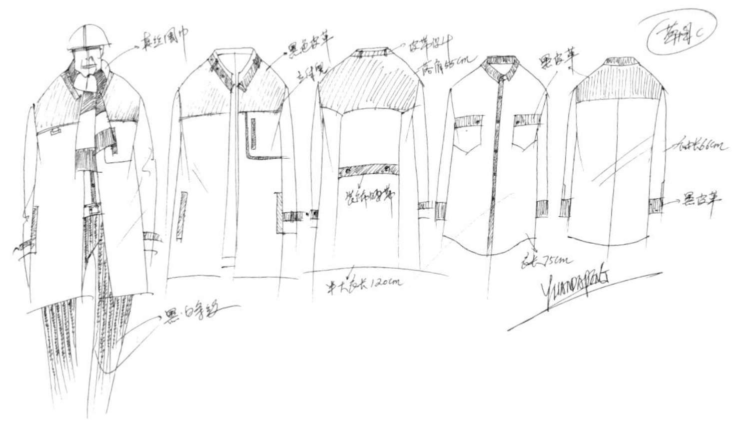

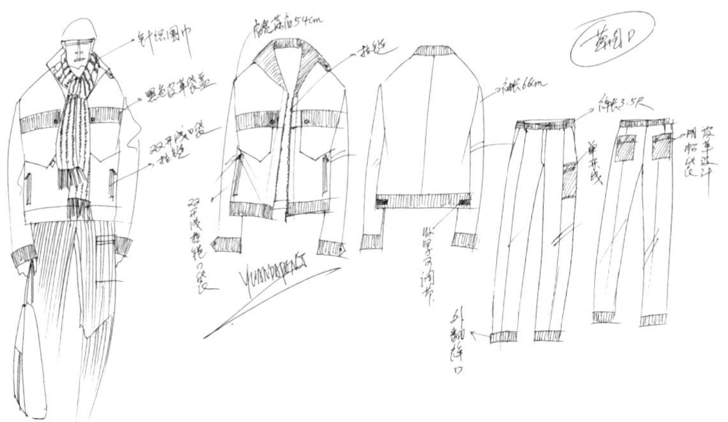

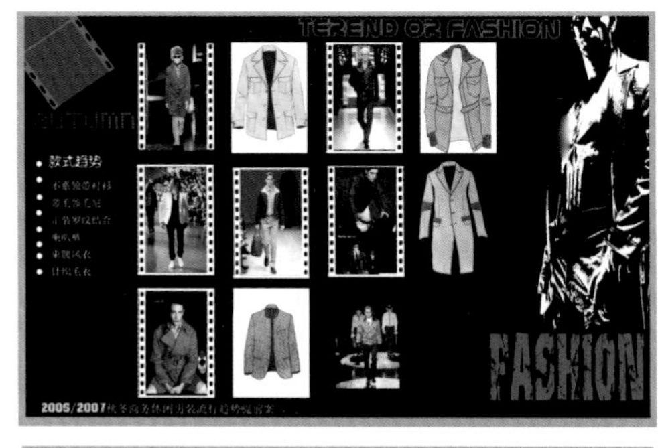
TEREND OF FASHION
FASHION

TEREND OF FASHION
autumn
winter
TEREND
FASHION

主题趋势 随时随地
色彩趋势
autumn
面料趋势
winter
FASHION

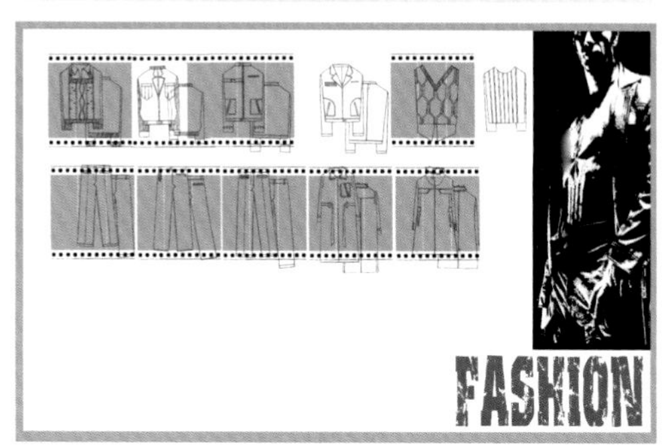
FASHION

成衣现场展示

该系列设计以时尚商务男装为设计切入点，色彩上以黑、白、灰为设计主色调，工艺上采用几何形纹理结构处理的手法，产生欧普艺术视觉效果。面料上选用皮革、毛呢与丝绸作质感对比，款式上以长短款（夹克、西服、大衣、衬衣）、内外款式穿插为主，而且整体服饰配件（手包、丝巾、鞋帽、手套、箱包）配套。整个系列体现了设计者对服装细节性与完整性的把握，切合主题，既能在正式商务场合活动中穿着，也可在休闲商旅中穿着搭配。

二 川流不息，渊澄取映

第十二届全国美术作品展览

获奖提名 / 设计师　袁大鹏

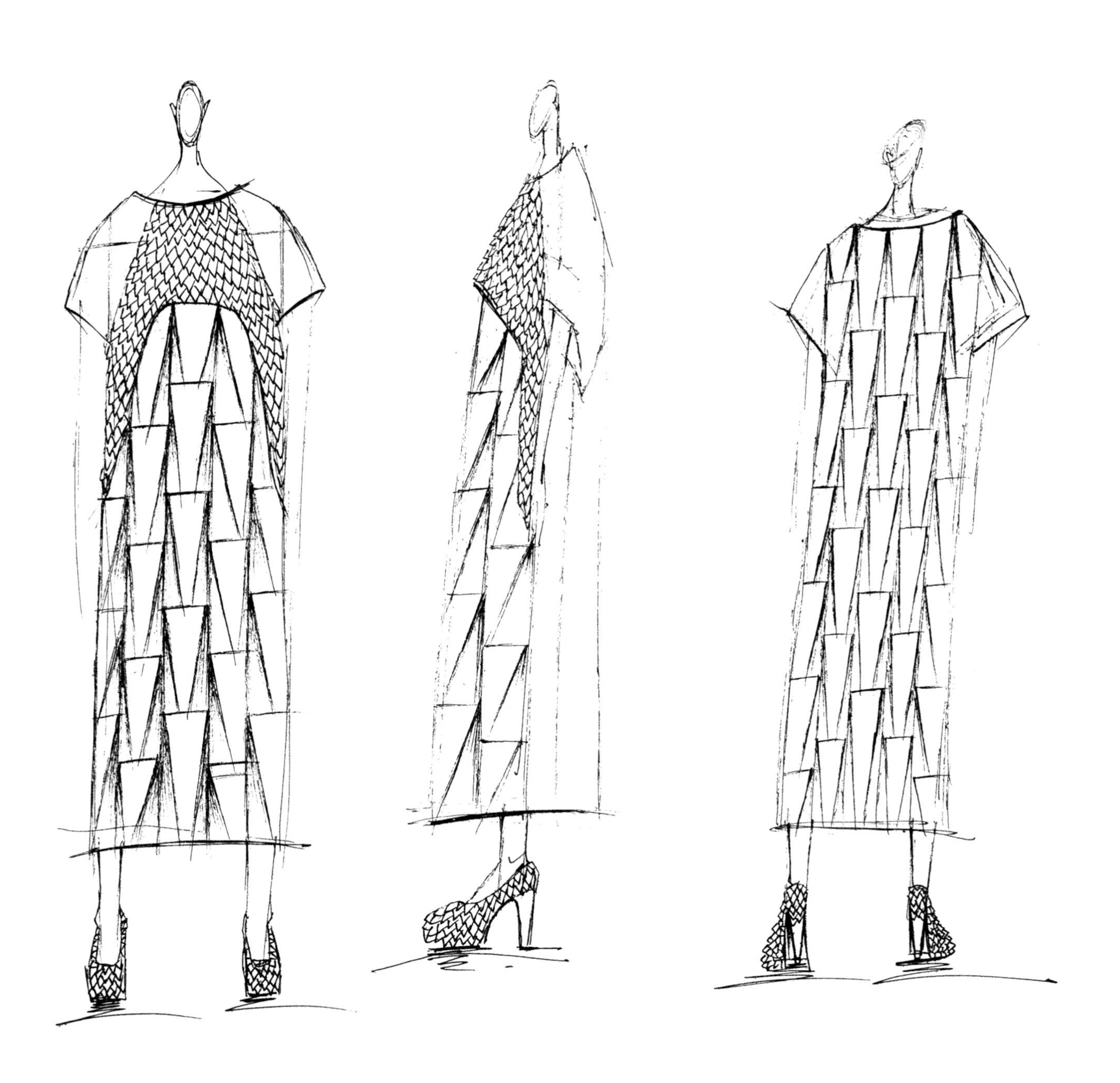

作品主题为《川流不息，渊澄取映》，以赫哲族传统鱼皮服为设计源泉，保留原始的鱼皮效果，采用拼接的设计手法，强调块面感和立体感。效果图以素描手稿的绘画语言呈现，表达了本质的设计理念。

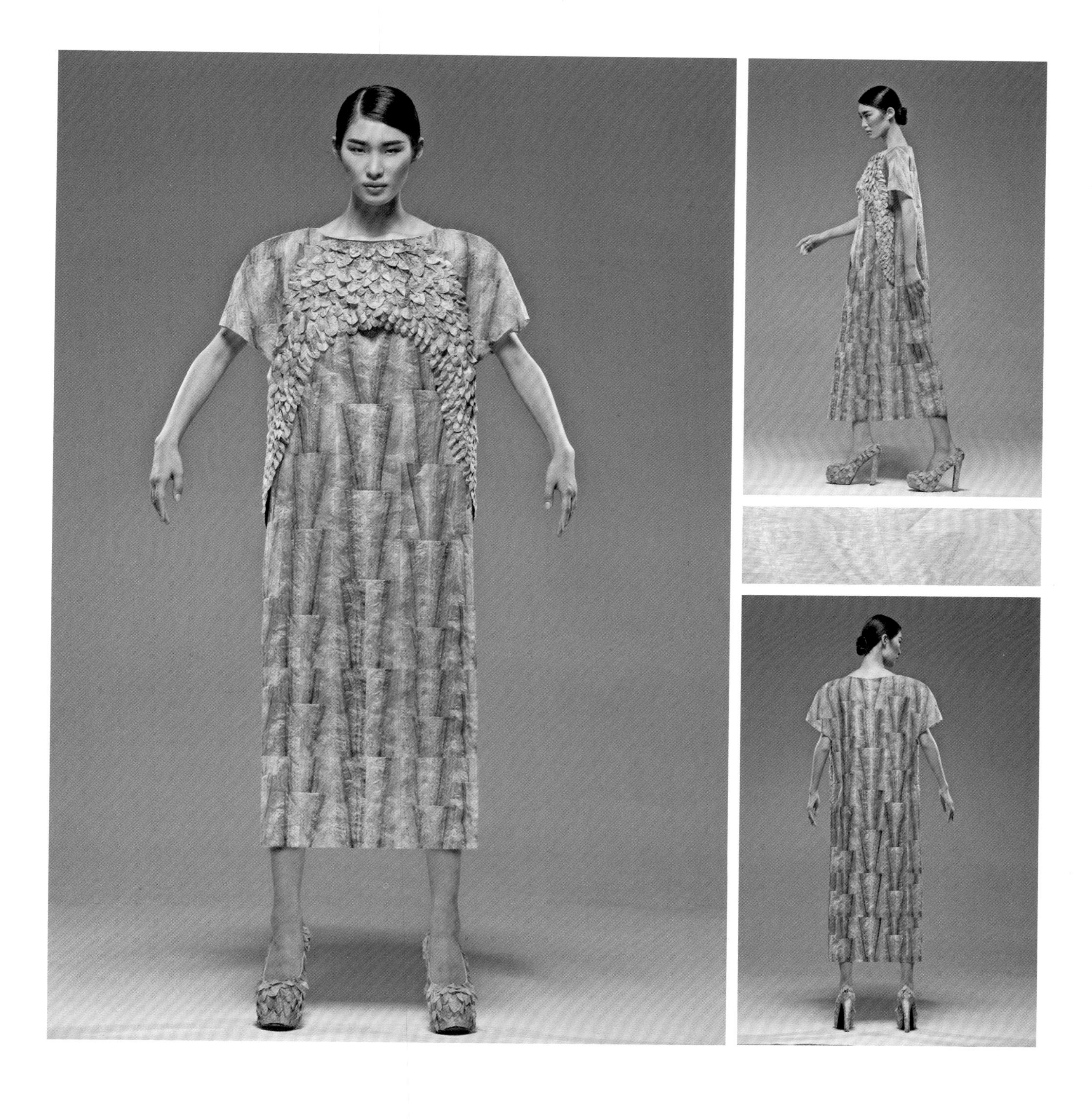

《川流不息，渊澄取映》

传承与创新
源自鸭绿江的明太鱼皮
川流不息，渊澄取映
后整理：打磨、云味、搓揉、上油

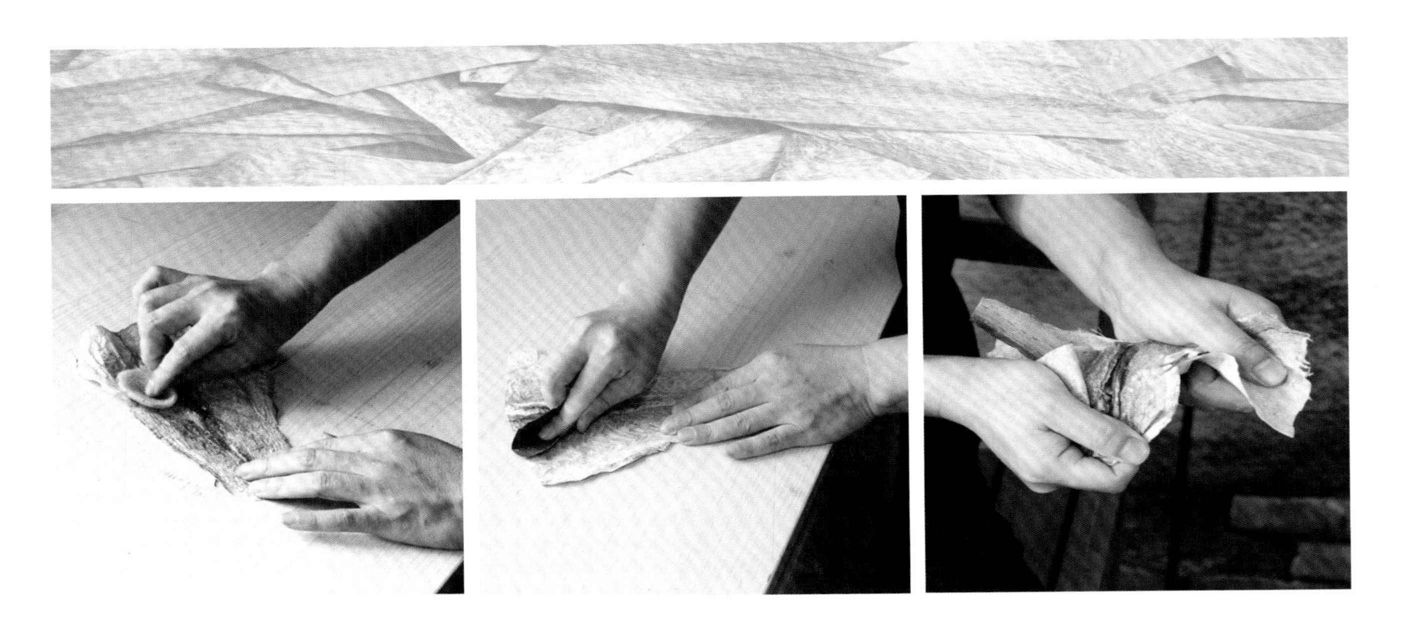

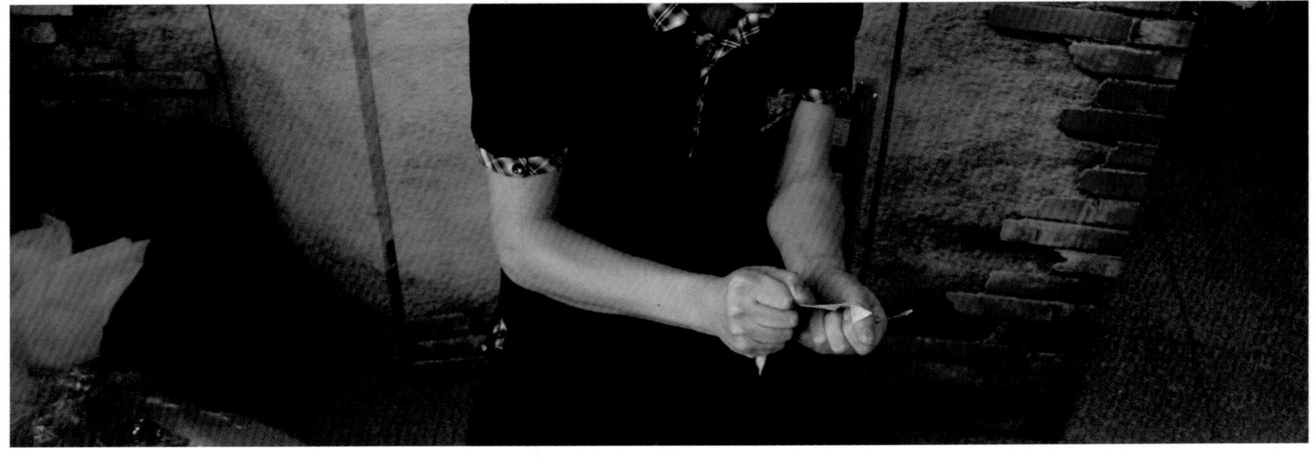

该系列通过对赫哲族鱼皮衣的传承与创新，
在保护非遗的前提下，
运用鸭绿江特有的明太鱼皮进行后整理，包括打磨、去味、揉搓、上油等特殊工艺手法，
使鱼皮充满生机，
利用本身特有的纹样肌理效果，
有效地诠释和烘托主题，
使这一珍贵的文化遗产得以传承。

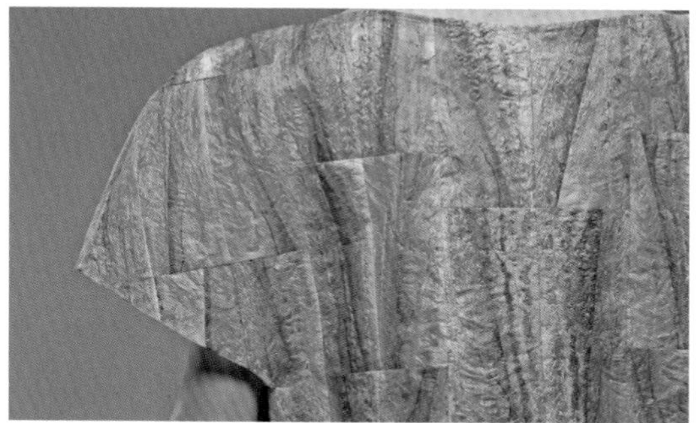

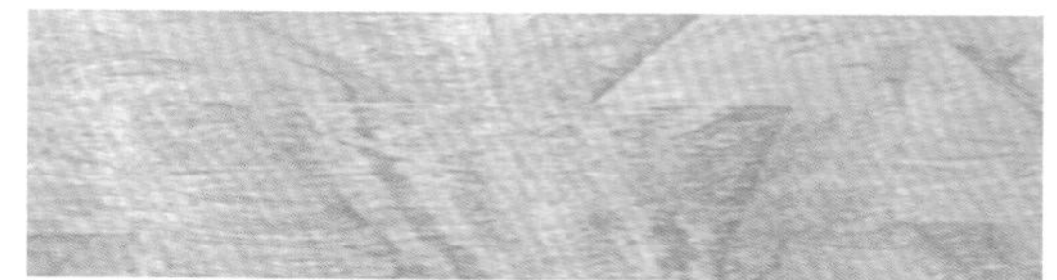

川流不息，渊澄取映

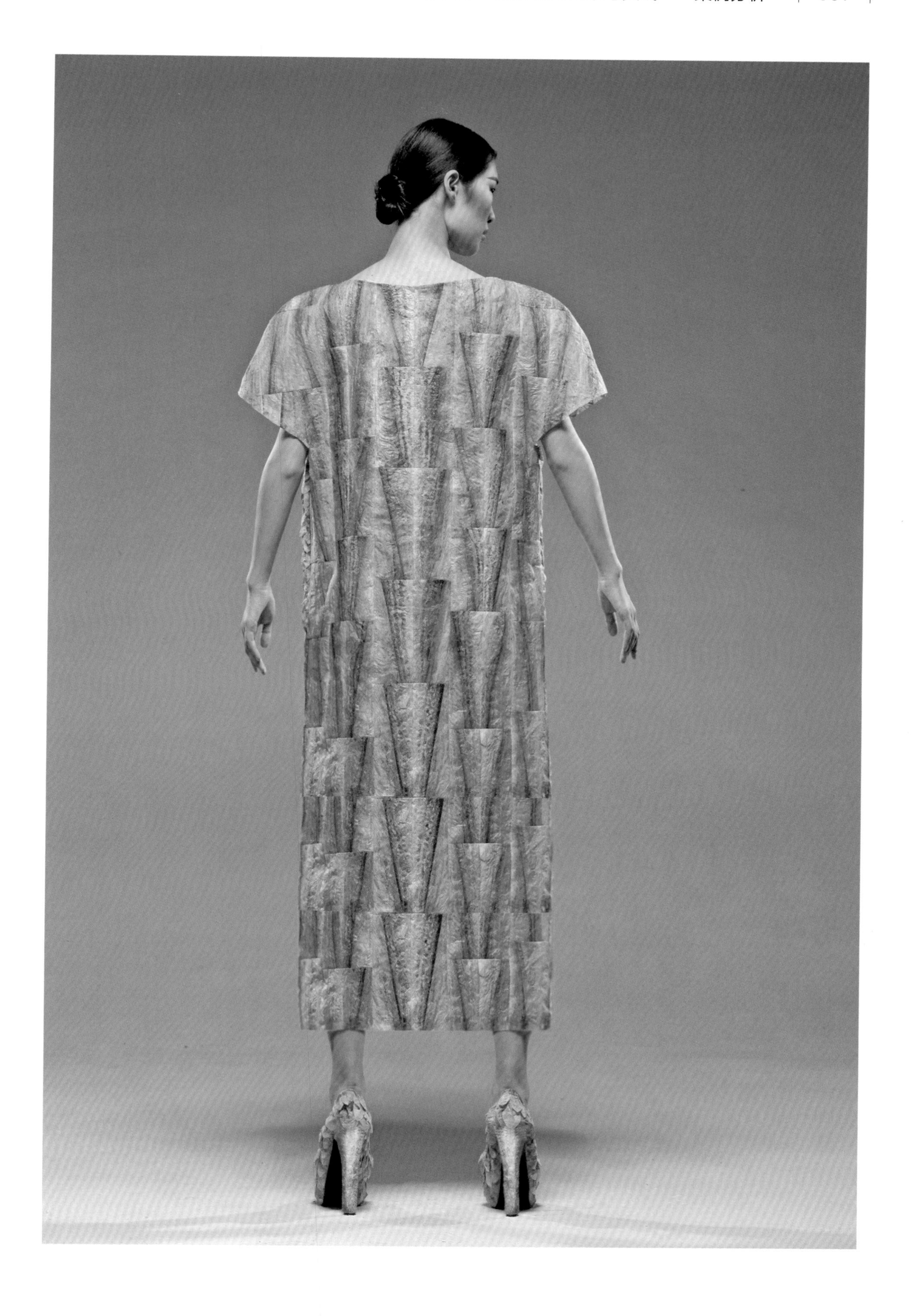

三 衣者

第十一届全国美术作品展览

入选作品 / 设计师　袁大鹏

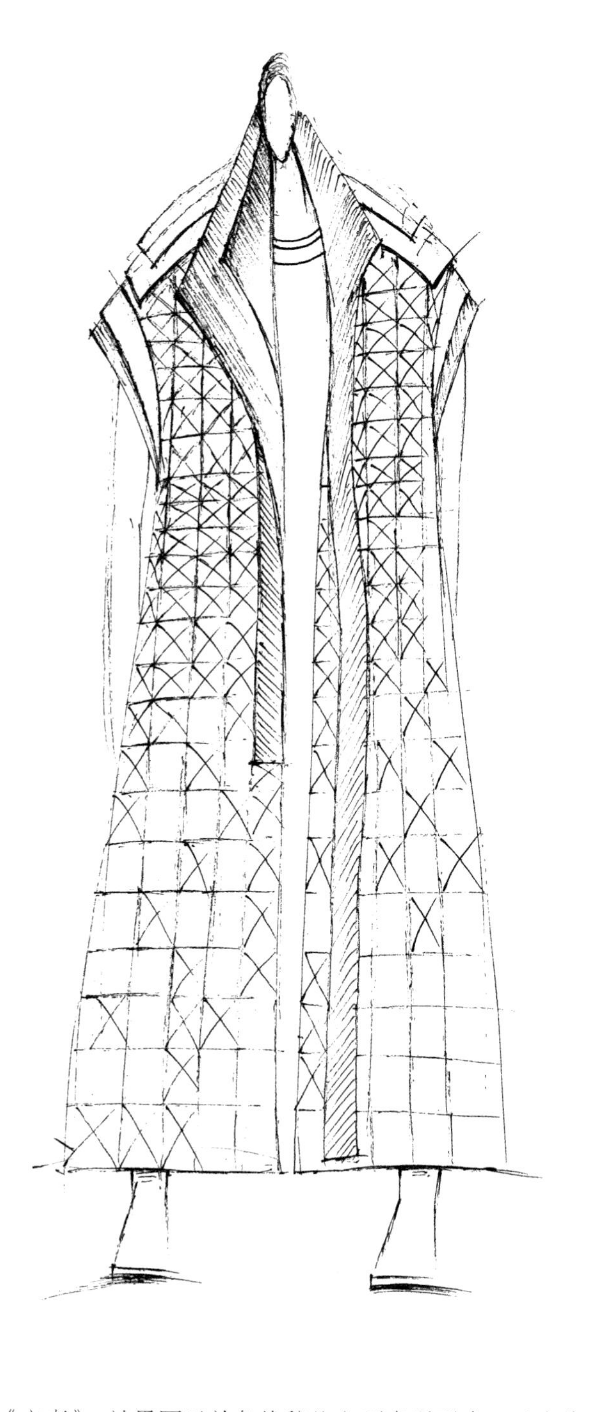

当光亮第一时间照亮乾坤的一瞬，我们惊奇地看到那昙花一现的衣者。在银色光芒的释放中，一位衣者，缓缓走来。该作品就像设计构思中所描述的，采用灰色丝光缎折叠工艺效果，由上到下的大小几何渐变，产生了不同色阶的反光。廓型上采用中国古代盔甲元素，硬朗简洁大方，衣领立体剪裁富有现代感。

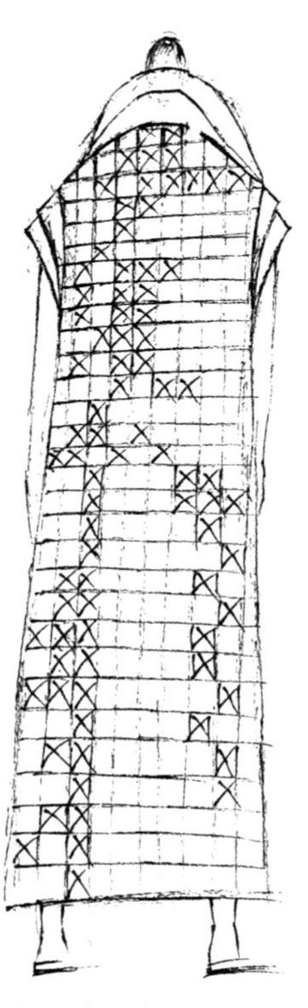

作品主题为《衣者》，效果图以单色线稿为主要表现形式，以古代盔甲为设计元素，通过方体折叠和大小渐变的设计形式，以及领部不对称的立体剪裁方式，增强设计变化。使原有的厚重体量又加入了轻松的节奏感。

四 那人、那山、那水

第十二届全国美术作品展览

获奖提名/设计师　冯玲玲

该系列创作灵感为中国国画元素，通过数码印花、珠绣等设计手法，运用真丝和纱来表现晕染渐变，同时体现飘逸灵动之美感。紧扣人与自然相互依存的共生关系。

作品主题为《那人、那山、那水》，以国画为设计灵感，运用水彩写实表现形式，营造出主题鲜明的意境。面料上采用中国传统丝绸面料，通过数码印花、手工钉珠、羽毛等工艺手法，表现立体与平面的视觉效果。

《那人、那山、那水》

五 返璞归针

第 25 届“汉帛奖”中国国际青年设计师时装作品大赛

银奖 / 设计师　张梦云

作品主题为《返璞归针》，女装针织系列设计，采用单色素描的绘画手法，突出人物个性，强调服装的细节设计，将针织服装用生动的语言表达出来，运用针织和编织相结合的工艺手法，将平面和立体造型相结合，使服装在实用的基础上又更具艺术气息。

该系列服装色彩上以不同的黑、灰、白为主，在整体的基础上力求变化，丰富了层次。面料上以针织面料为主，采用手工编织与机织不同的编织和纹理手法，达到局部点缀的效果，与整体搭配上力求协调统一。款式上长短变化，披挂式与休闲款式相融合，宽松简洁，营造出田园般轻松愉悦与内敛的服装设计风格。

《返璞归针》白坯布及成衣

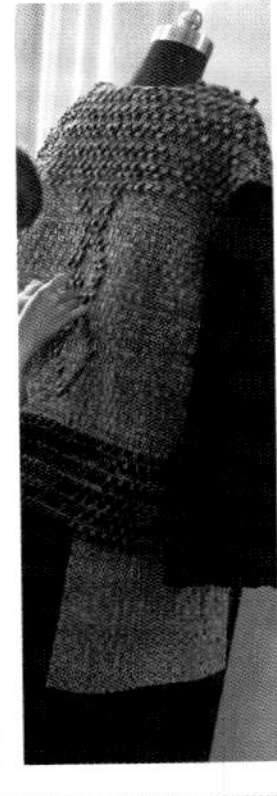

《返璞归针》局部细节

成衣现场展示

六 Street Corner

2016 美国 AOF 国际时装设计大赛

巴黎留学奖学金／设计师　张梦云

作品主题为《Street Corner》，效果图为手绘。结构图、效果图设计表达细致全面，漆画为该系列的设计亮点，局部采用原创抽象图案，风格独特，以黑、白、灰为基底色，加以蓝紫色调调和，不同宽窄的压褶工艺处理，丝网印和手工木板印刷相结合的方式来表现最佳的肌理效果，既有统一的整体感，又有变化的丰富性，增加了整体的视觉效果。

Meng-Yun ZHANG

该系列紧扣设计主题，将流行时尚与艺术家的画笔相碰撞，产生了出乎意料的视觉效果，关注的焦点在曾经遗失的美好上，从中创造出抽象纹理和有机喷绘图案。采用原创手工印花，通过使用蒙版并覆盖以渐变色，创造出人意料多层次的图案纹理效果，再拼接或撕裂绘画纹理并重新排列组合，形成类似于手绘抽象的新作品，然后采用纯手工雕刻木刻版画印和丝网印在各种呢料上来实现，最后将 PVC 材质融入精致的漆画工艺来呈现。

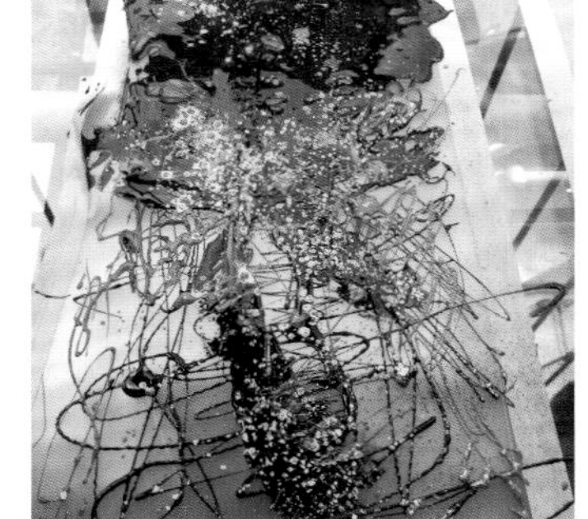

局部细节

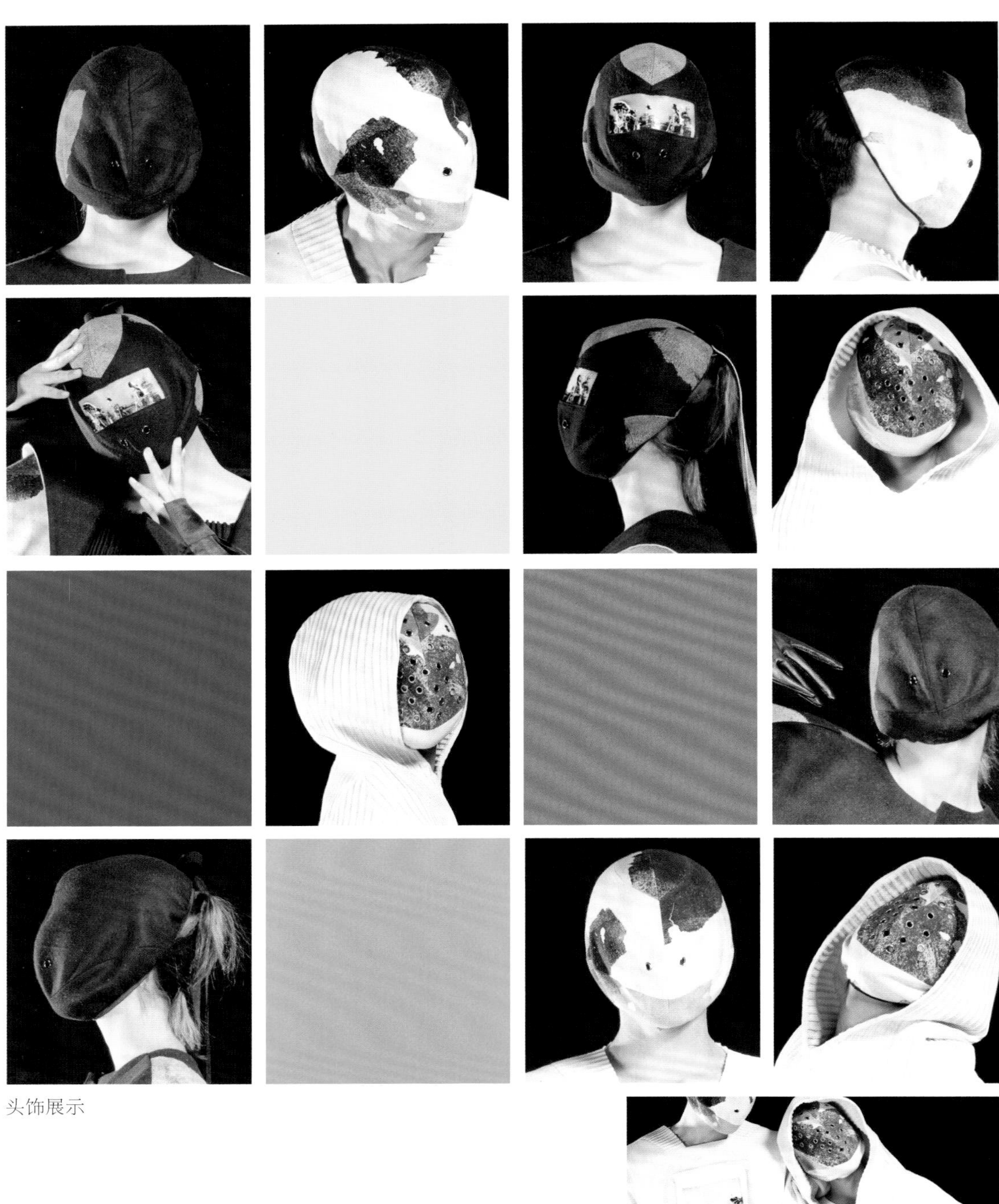

头饰展示

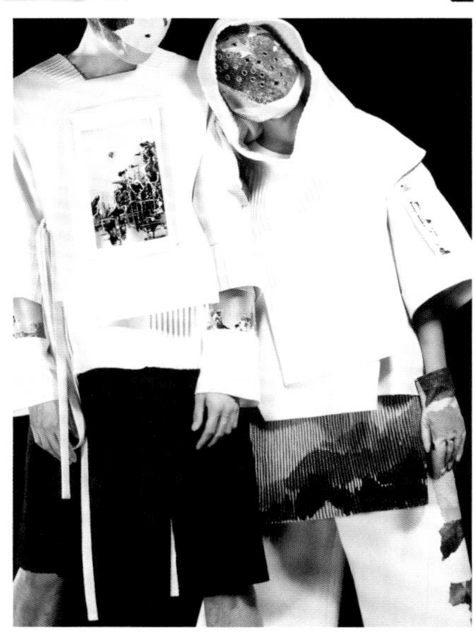

七 开·合

"中国轻纺城杯"2015中国国际时装创意设计大赛

铜奖/设计师 张梦云

开·合

"中国轻纺城杯"2015中国国际时装创意设计大赛

作品主题为《开·合》，牛仔服装系列设计，以实用可穿性为设计亮点，内部结构分割线、衣领、口袋的细节设计以及款式的搭配层次丰富，整体统一又富有变化。此外，不同蓝调的色彩组合，丰富了视觉效果，面料的再造设计也独具特色，轻松又不失内敛，充分体现了设计者对牛仔装的诠释与理解。

该系列强调纯正染色与水洗的靛蓝色的结合，原色和色阶渐变的牛仔，如未加工的牛仔或那些经过处理的经典蓝。而且运用了牛仔针织面料，手工处理再造在设计中的基本款，这种纹理结构带来破碎的色彩效果和线迹结构肌理，以及通过水洗与漂白工艺创造出的渐变效果。

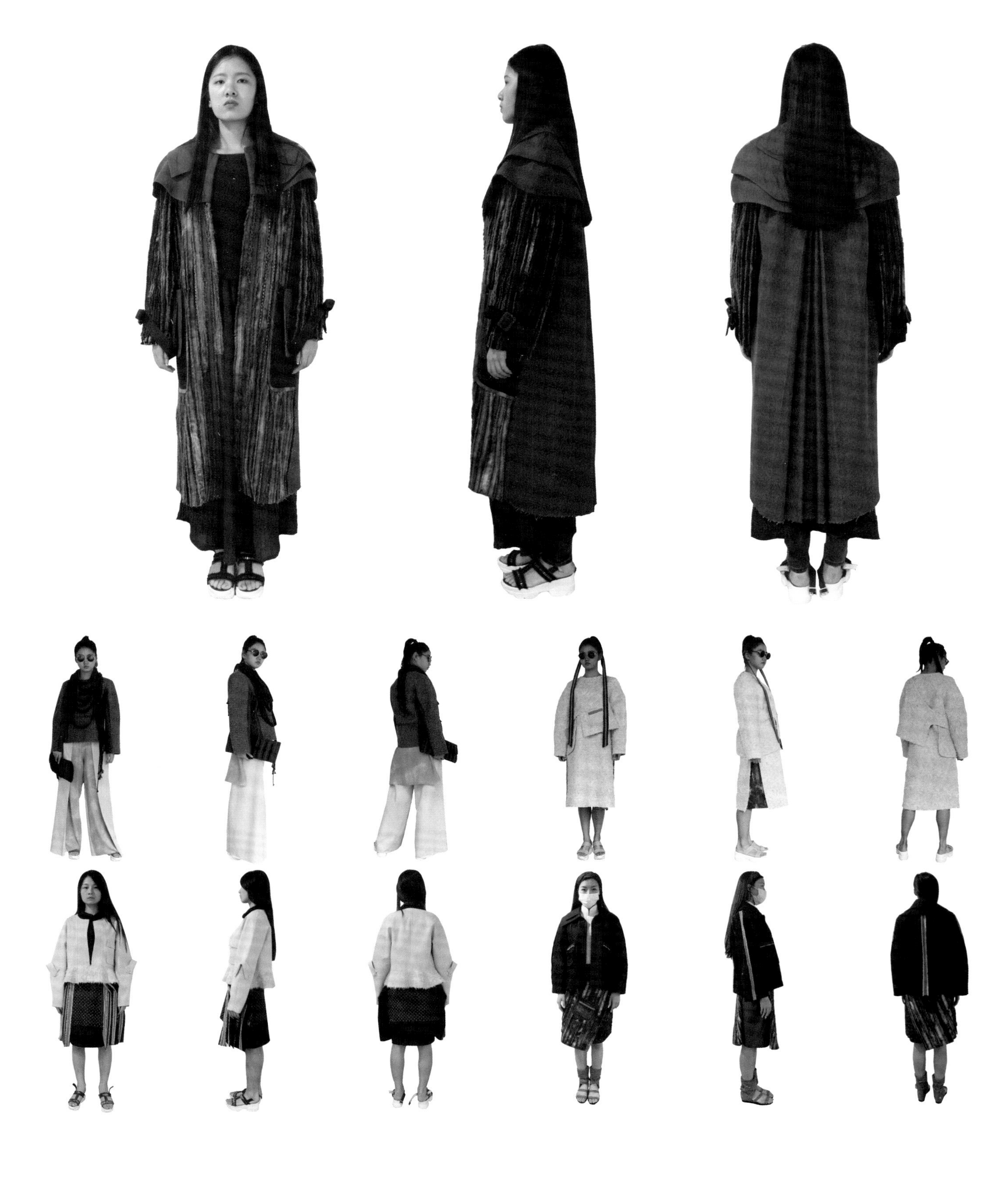

八 简型

第八届中国（常熟）休闲装设计精英大奖赛

银奖 / 设计师　张馨翌

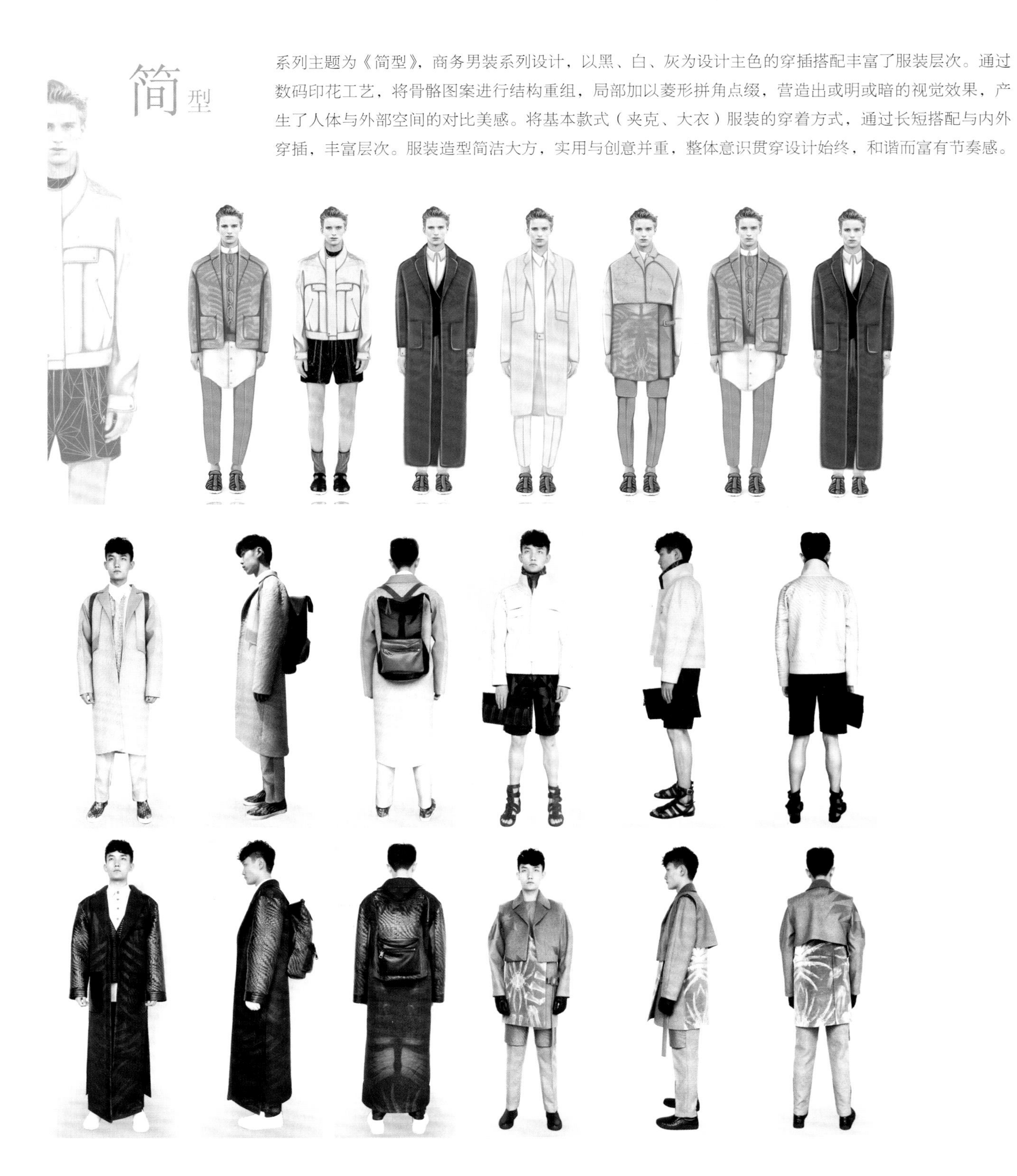

系列主题为《简型》，商务男装系列设计，以黑、白、灰为设计主色的穿插搭配丰富了服装层次。通过数码印花工艺，将骨骼图案进行结构重组，局部加以菱形拼角点缀，营造出或明或暗的视觉效果，产生了人体与外部空间的对比美感。将基本款式（夹克、大衣）服装的穿着方式，通过长短搭配与内外穿插，丰富层次。服装造型简洁大方，实用与创意并重，整体意识贯穿设计始终，和谐而富有节奏感。

该系列为商务男装系列设计，具有非常鲜明的都市商务风格特点。以黑、白、灰为设计主色，采用数码印花、编织、拼接等工艺，图案设计上将骨骼图案进行结构重组，将基本款式服装的穿着方式，通过长短搭配与内外穿插来丰富层次，以营造休闲百搭设计风格。同时局部通过运用不同面料进行菱形拼接点缀，营造出或明或暗的视觉效果。实用与创意并重，整体意识贯穿设计始终，温文优雅的个性自然流露。

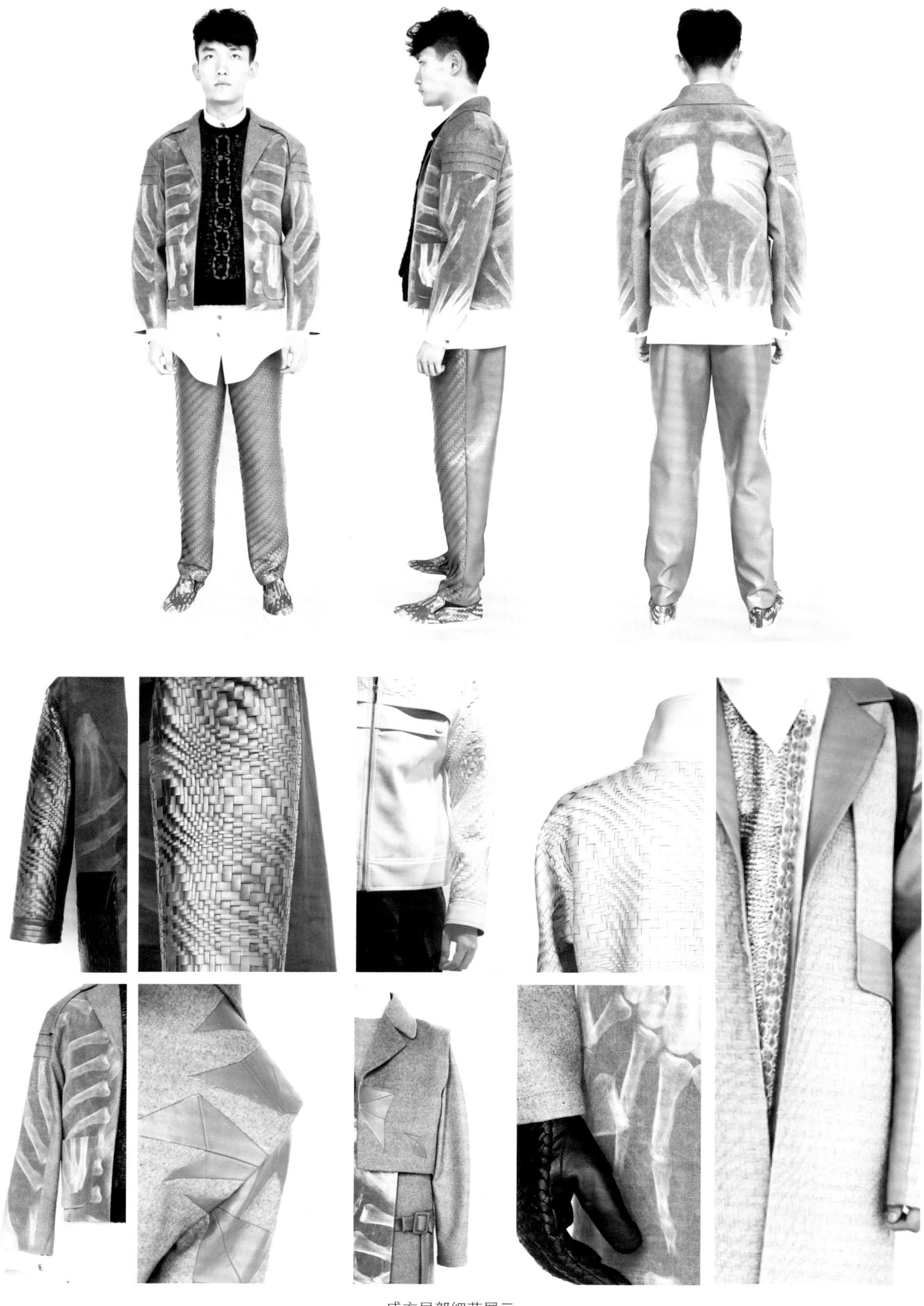

成衣局部细节展示

九 挣扎

2016第三届“楚天杯”工业设计大赛服装设计组

银奖/设计师 胡楚楚

作品主题为《挣扎》，是在对现代的浮躁气质加以批评的灵感来源下，使用Photoshop软件制作。颜色搭配有深有浅，加上印花图案作为设计亮点，整体十分和谐。通过效果图我们也可以看出该系列服装的基本款式造型、材质的选择、颜色的搭配、纹样的组合等几方面。

该系列以黑、白、灰色调为主，将毛呢与针织等面料结合运用。以解构主义的剪裁为特色，将特立独行的不对称设计作为设计的一种元素，在服装上不仅起到了装饰作用，也能够使服装造型与结构打破陈规、挣脱束缚从而获得较强的视觉表现力，呈现出一种随性自由的独特美感。设计师通过线与面的不对称分割、面料质感的分割或压褶等工艺手法来打造结构廓型的不对称，同时通过混搭来表现服装的层次感，这种装饰的不规则叠加也形成了更具张力的视觉效果与空间感。该系列服装所表达的主题是对于现代浮躁社会大环境下对物质过度追求的批判。通过整体的灰黑搭配鲜艳颜色的内搭来强调款式，通过面料上的印花以及拼接的制作手法来表现对过于追求物质的精神的讽刺。

成衣作品展示

十 进化论

第十九届"真皮标志杯"中国国际皮革裘皮服装设计大奖赛

金奖 / 设计师　张馨翌

作品主题为《进化论》，皮草服装设计系列。从雾凇雪景中汲取灵感，提取树枝蔓延生长的姿态融入设计中。黑、白、灰为色彩基调，采用皮草拼接、皮革镂空、皮革染色的自然纹理与手工毛线相结合，表现最佳的肌理效果，款式简洁而又不乏细节。皮草染色产生自然的纹理与手工毛线相结合，局部采用水貂毛设计，厚重感强，给该系列服装带来了雍容华贵的气势。

该作品为裘皮时装系列设计，面料以水貂毛与皮革为主体，厚重感较强，透明纱的搭配增强了材质的对比，同时又丰富了该系列的组合搭配。树枝图形的应用，体现了人与自然的亲密感，通过工艺上的染色、镂空、拼接、缝制等多种设计手法，以及黑白色的渐变，局部与整体的运用，强化了整个系列的协调性。

皮革被饰以浮雕或镂空的花纹图案，经过精致的手工和准确的设计，酷似剪纸图案；细致的镂空间隔出不同的层次，刻画出新的设计和比例；复杂的对称与不对称图案装饰着身体，形成夸张的轮廓；面料的残破、裂隙、拼贴带来新鲜的感觉；皮革与皮草的非常规混合带来强烈的外观视觉冲击。在廓型上则使用箱型、茧型以及 O 型。

成衣细节展示

成衣细节展示

十一 渐型渐近

2016 华人时装设计大赛

金奖 / 设计师　胡楚楚

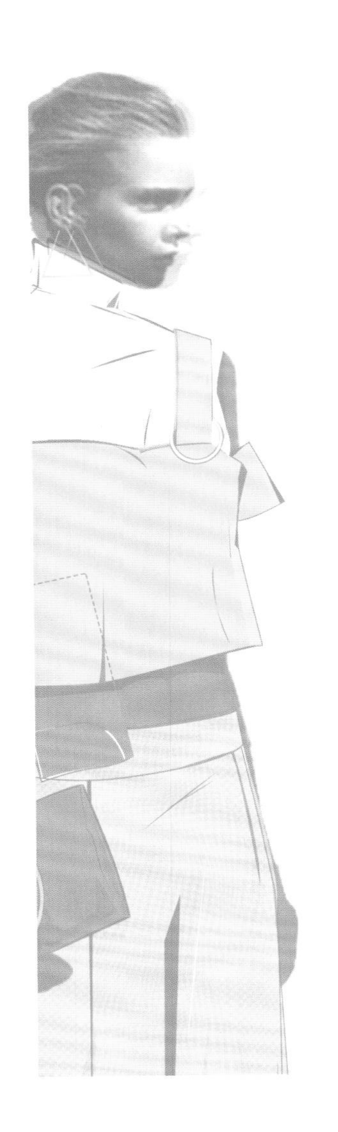

作品主题为《渐型渐近》，以黄、蓝、白、灰色彩贯穿整个系列，安静与恬淡之间传递出自然的生活美感。选用麂皮绒面料，采用手工编织工艺，灌入精湛本真的匠人精神与技艺，通过布条的粗细对比、疏密对比、方向变化等，使编织的条纹纹理在服装上疏密有致的排列，增添了流淌的时尚韵律感。局部加以立体点缀，增添了立体感和层次感。服装造型简洁大方，不对称的剪裁别具格调，实用与创意并重。在廓型方面选用阔腿裤与宽松百褶半裙，来实现舒适自在又不失摩登时髦的穿着体验，干练又不失女性的柔媚。露肩式黄色上衣搭配轮廓利落的阔腿宽松长裤或半裙，领口 V 型设计，局部装饰洒脱有型的飘带，在细节中为服装带来了飘逸的灵动感，赋予穿者洒脱的个性，演绎了艺术与时尚相结合的新典范。

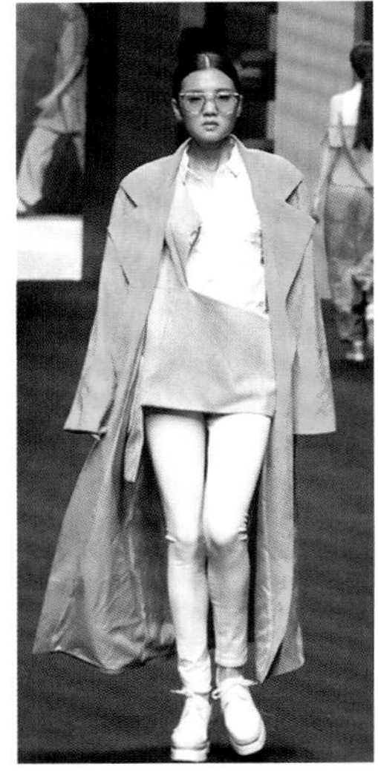

11-4300 TCX
13-0905 TCX
19-4023 TCX
539 C
14 0755
Sulphur
硫磺色和夜幕蓝色是全天运动单品的首选，从
地气息主导调色板。

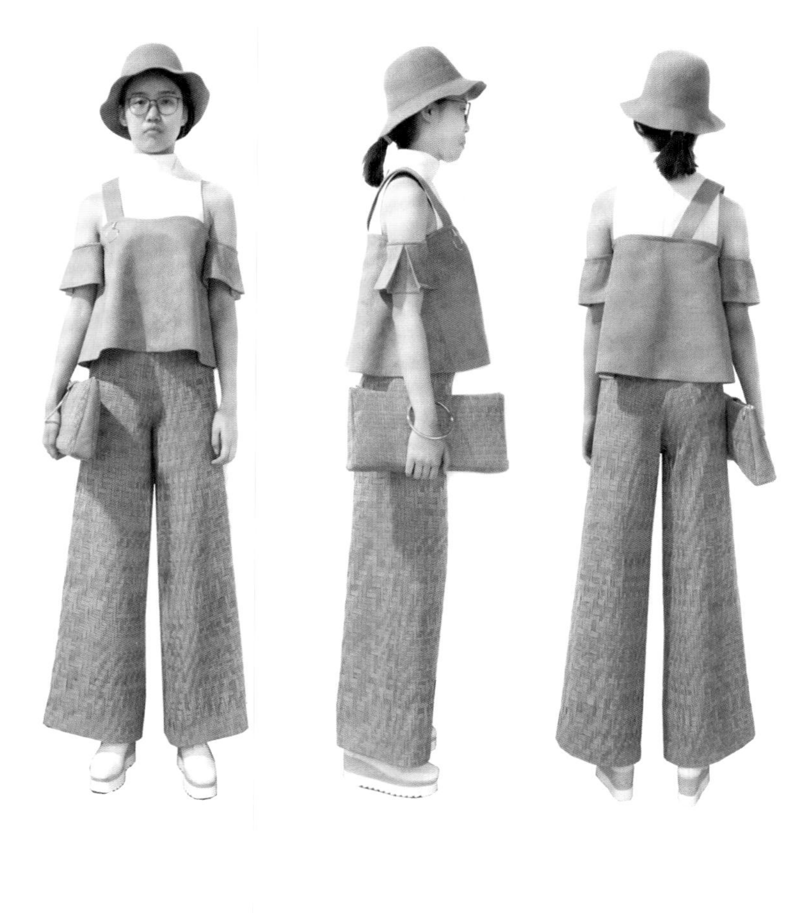

成衣展示

十二 集体记忆

第 19 届“九牧王杯”中国时装设计新人奖

新人奖 / 设计师　邓卿

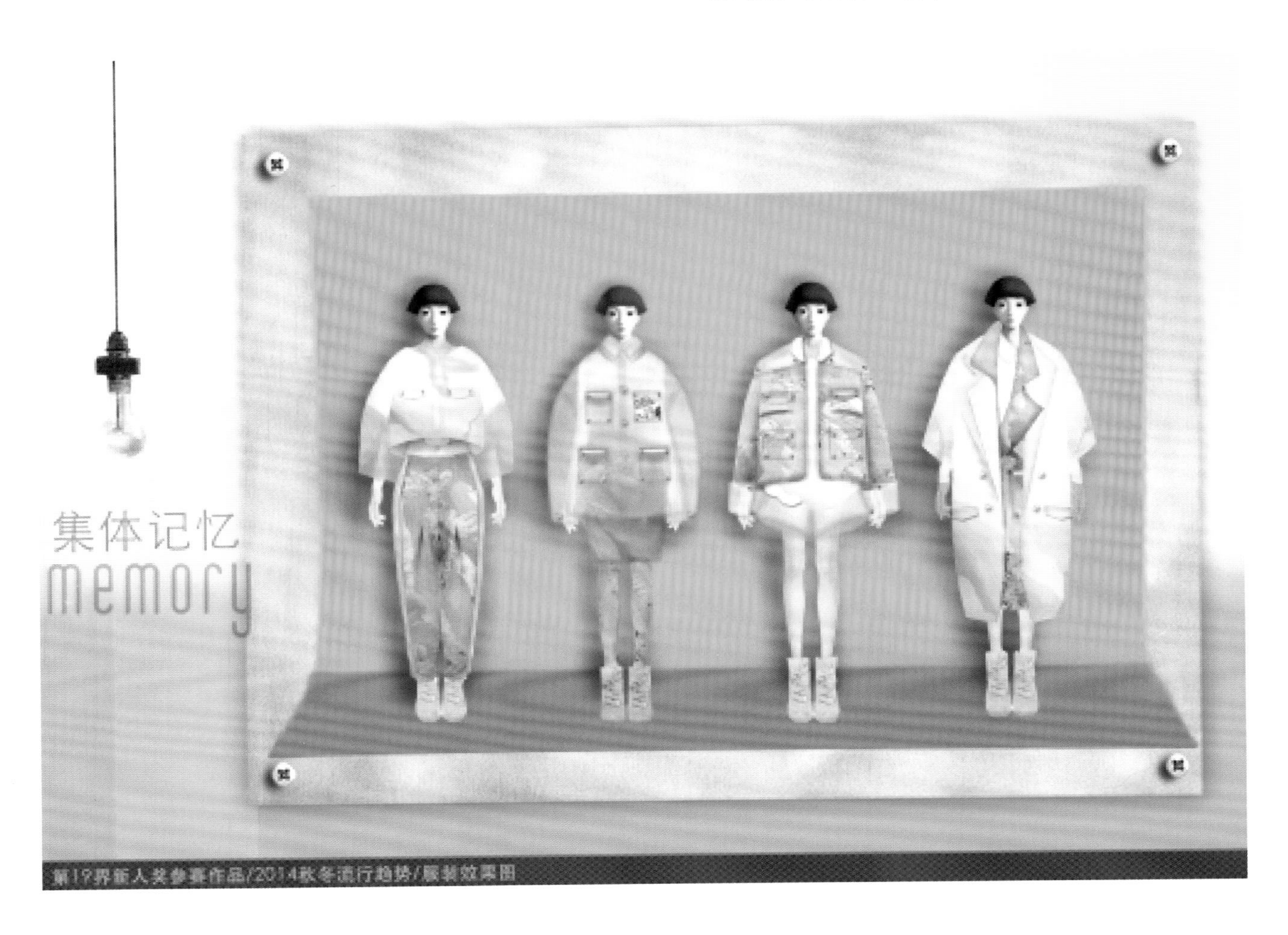

设计主题《集体记忆》，人物特征明确，充分体现了 20 世纪 80 年代人物形象的记忆。面部表情独特，色彩以蓝绿色调为主，白色为辅助色出现，清新自然，通过国画的晕染渐变效果，质感表现明确，具有绘画性与当代性特质。

集体记忆
memory
2014秋冬
第19界新人奖参赛作品/2014秋冬流行趋势

文化背景
第19界新人奖参赛作品/2014秋冬流行趋势/文化背景

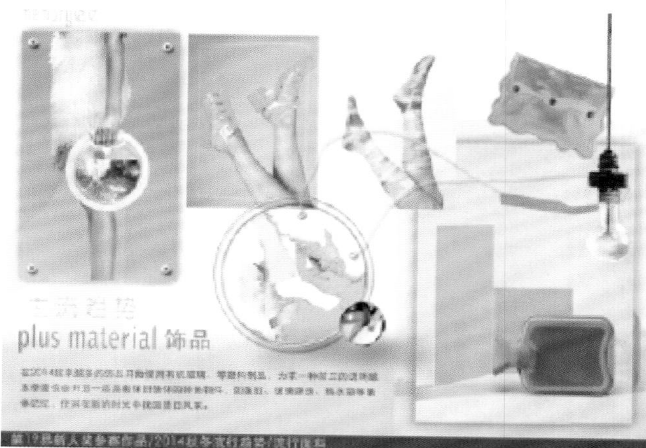
plus material 饰品

集体记忆
memory

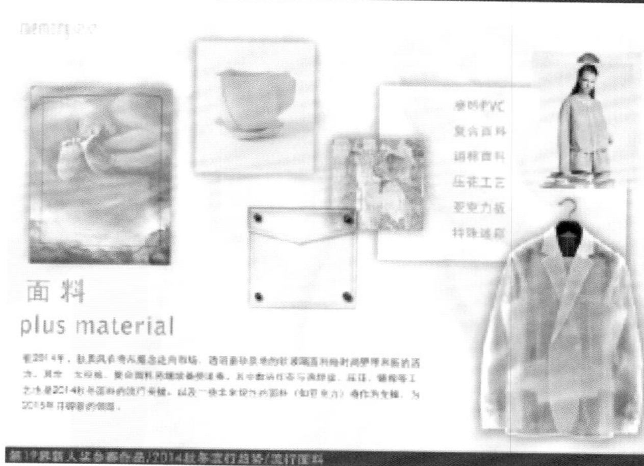
面料
plus material

主流趋势
colour 色彩
2014秋冬

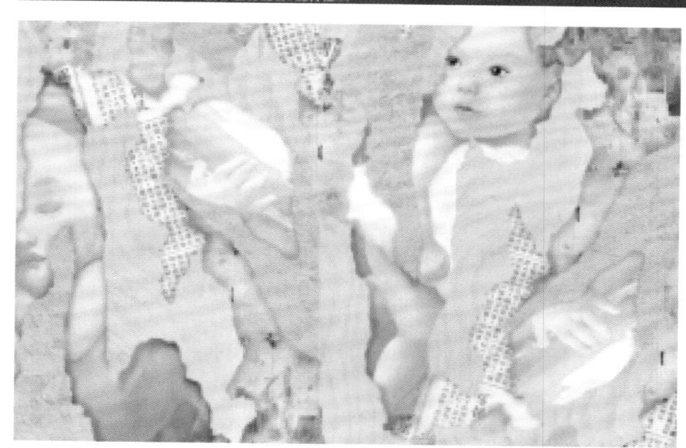

1
2
3
4
主流趋势

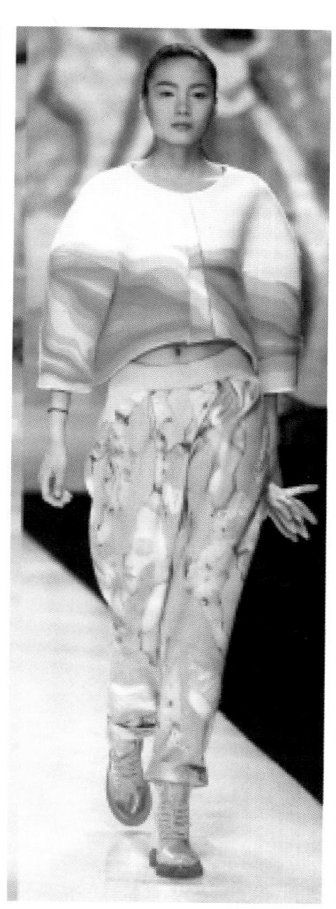

该作品是以环保为设计主题的系列设计。空气污染（雾霾）已成为当今人类生存的重要问题。采用珊瑚蓝及蓝紫色，融入多重绿色和肉粉色调的配色，色彩淡雅又充满活力。以婴儿图案为主要设计元素，通过蓝绿色的拉毛图形来组合，显示出微妙精细，这种别具一格的设计图案让人耳目一新。工艺上以印花、手工毛毡为主，选用空气层复合面料，增强了服装的廓型感。雨布的应用创造出一种朦胧的未来感，体现在现今污染严重的环境下，人类本能的自我保护。款式以长短款、裙裤、裤装等穿插搭配，宽大的廓型透出一些慵懒，肩部设计柔和，采用落肩宽松短上衣、对称或不对称的剪裁、褶裥的细节运用等，这种独特的剪裁将舒适和时装的美感完美结合。此外，从头到脚都穿戴着和服装相匹配的鞋、手套、抱枕等，突出了设计主题。该系列强调设计过程和完成度，是一个集实践性和主题原创性很好的案例。

十三 真我随型、型变

2013“圣得西杯”中国时尚商务男装设计大赛

金奖 / 设计师　王朋

作品主题为《真我随型、型变》，男装商务休闲系列设计，构图新颖，人物造型独特。色彩以黑、白、灰相互穿插变化，视觉效果丰富，局部运用变化多端的彩线加强细节设计，并采用绗缝、镂空相结合的工艺，增加面料的质感与肌理对比。款式设计主要以实用可穿性为主线，搭配层次丰富，结合了富有变化的分割线，时尚感强。配饰有手套、领带、腰带等，具有非常鲜明的都市风格特点。

该作品为男装商务休闲系列设计。色彩上运用黑色与黄色明快的色调搭配，形成鲜明的对比，使得整体洋溢着时尚活力。工艺手段上采用印花、绗缝手法，以及虚幻的印花图案，结合精湛的流线绗缝手法，将主题思想表达得淋漓尽致，营造出了无比精致的视觉质感。面料选用皮革和亚麻布面料为主，增强了服装的廓型感。款式简洁合体，裁剪干净利落，以实穿性的绝妙控制力实现了多种优雅元素的非凡融合，长短款西装上衣、夹克和商务衬衫穿插搭配，裤装与上衣风格统一、相互呼应。细节上腰部饰有鳄鱼皮带，领部加以轻盈的褶皱垂坠围巾装饰，一份随意的率性，彰显出绅士优雅的独特气质。配饰有鞋、手套、领带、腰带等，具有非常鲜明的都市风格特点。

十四 窗明

2010“欧迪芬杯”中国内衣设计大赛

银奖/设计师　夏光雷

设计主题为《窗明》，内衣系列设计。以明式窗花图案为主要设计元素，采用黑色与银色的组合搭配表现月光下的窗花效果，流畅而富有浪漫主义情怀，人体部分省略得恰到好处，突出了以内衣为主体的设计。

该系列内衣的设计款式以文胸分体、连体、睡袍的形式呈现，细节以蕾丝花边、珠绣、刺绣等工艺为主，运用到方寸之间。面料多选择环保面料，如纯棉或弹力舒适、功能性为一体的面料。工艺上采用绗缝和局部双针拨缝绱捆条，让钢圈和鱼骨的位置更加贴合。此外，选用薄纱面料制作流线的裙摆，并坠以亮钻，同时将肩部的飘带流苏作为点缀，营造出流动的飘逸感。

设计说明：明式窗花铸就了中国五千年工艺巅峰作。承载了人文与艺术魅力，以其为设计灵感，简繁粗宜的设计风格，极具韵律的设计节奏。营造出内衣的朴实高雅，秀丽端庄、韵味浓郁，刚柔并济，给人以艺术的震撼和美的享受。

工艺说明：精致的工艺使缝口的效果平服柔滑穿着舒适、合体。双针拔缝绱捆条让钢圈和鱼骨的位置更加恰当，精致舒适的穿着效果，更加体现女性的柔美曲线。

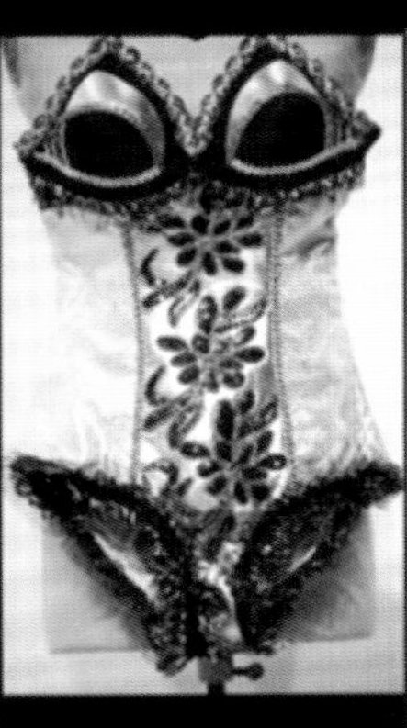

十五 魅媚

2013“欧迪芬杯”中国内衣设计大赛

银奖/设计师　李章

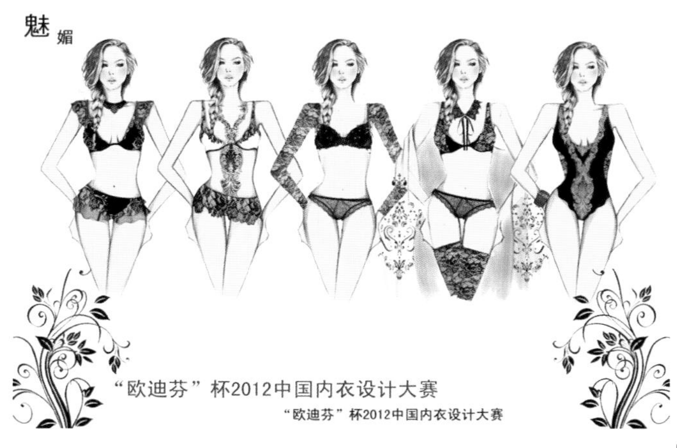

《魅媚》内衣系列设计，诠释了现代性感的定义，简单却不失诱惑。人物动态以站姿为主，优雅大方。表现重点在于用夸张的手法在人体的胸部与臀部表现出人体的曲线美感，加强了视觉效果。色彩上以黑色与米白色为主，色彩穿插大胆，系列感较强，同时注重细节设计，表现清晰。半遮半掩的裙摆与飘逸的长袍随着模特走动的步伐带来了活跃的气息。

该系列设计完整性较强，工艺考究。面料采用环保舒适的纯棉或弹力感较好的针织面料，兼具舒适和灵活性，缝线细节处理带来了完美触感。纤细的薄纱搭配流畅的绉绸、丝绸，使其更柔美和飘逸。边缘处则点缀蕾丝和花边收边。蕾丝花边的设计元素应用，为冷酷的黑色与米白色增添了柔和的女性美，突出了主题。

十六　梦里花落

2012“欧迪芬杯”中国内衣设计大赛

银奖／设计师　曹阳

设计主题为《梦里花落》的内衣系列设计，以花瓣为设计灵感，具有积极的浪漫主义设计风格，款式变化轻松随意，人物表现甜美，色彩以紫色系为主，营造出了梦幻般的意境，烘托主题。

该系列面料多选择环保面料，如纯棉或弹力舒适、功能性为一体的面料。紫色的宽大睡袍、精美的雪纺、纤细的薄纱，增强了垂荡感。精致的内衣细节，以珠子、刺绣、烫钻的工艺手法，使内衣设计华丽又不张扬，内敛又不枯燥。

主题：梦里花落

灵感来源：无意中，我看见，花前，你们执手相顾，细语呢喃，
月下，你们十指紧扣，相亲相爱。刹那间，
顿然醒悟：我梦与不梦，与你执手也莫如此境；
花落与不落，与你相爱也不过此时。

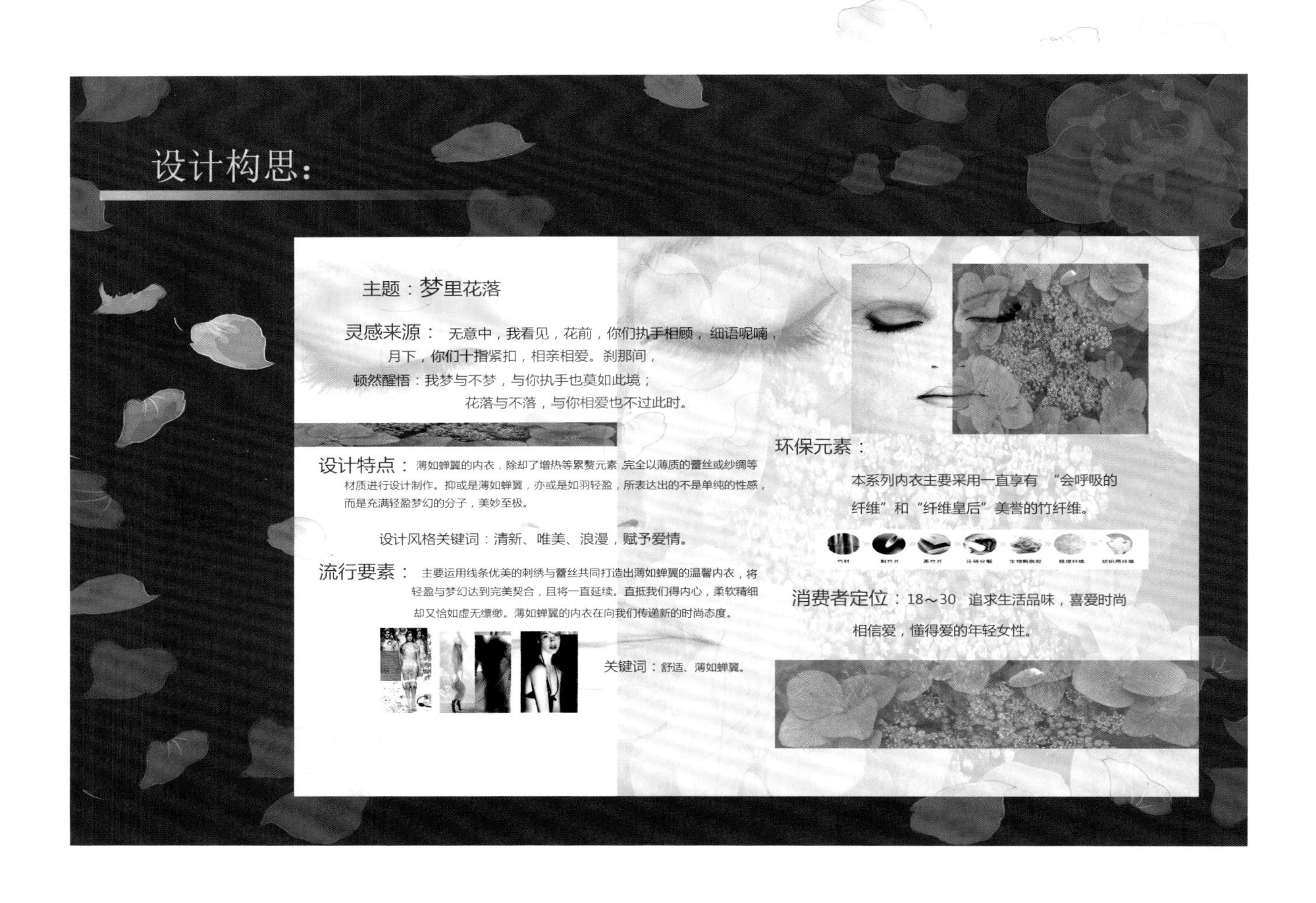

十七　汉字之间

第 16 届“汉帛奖”中国国际青年设计师时装作品大赛

银奖 / 设计师　程世民

作品主题为《汉字之间》，为创意时装设计系列，以抽象创意的形式表现，造型独特，设计构思大胆新颖。以中国汉字艺术作为设计理念，通过对文字内部笔画结构的重组、与黑白对比色的结合运用，简单明了地诠释了主题，不经意间体现了汉字的精华所在，增添了中国韵味。

该系列为创意时装设计系列，将中国汉字艺术作为设计理念，是为有文化底蕴和有思想的女性而设计。主题意境体现在了服装主体的印花上——中国汉字与甲骨文。通过印花与拼接的手法将文字重组，黑白对比鲜明，不经意间体现汉字的精华所在，增添了中国韵味。款式简洁，线条流畅，肩部设计也有角度，收腰设计突出腰臀的曲线，褶皱设计营造服装的轮廓感。运用局部半透明薄纱表现的一种优雅性感，暗示和渗透在整个服装系列中，具备了符合整体潮流大趋势的主打时尚元素。

十八 回

第19届“汉帛奖”中国国际青年设计师时装作品大赛

银奖/设计师　方美龄

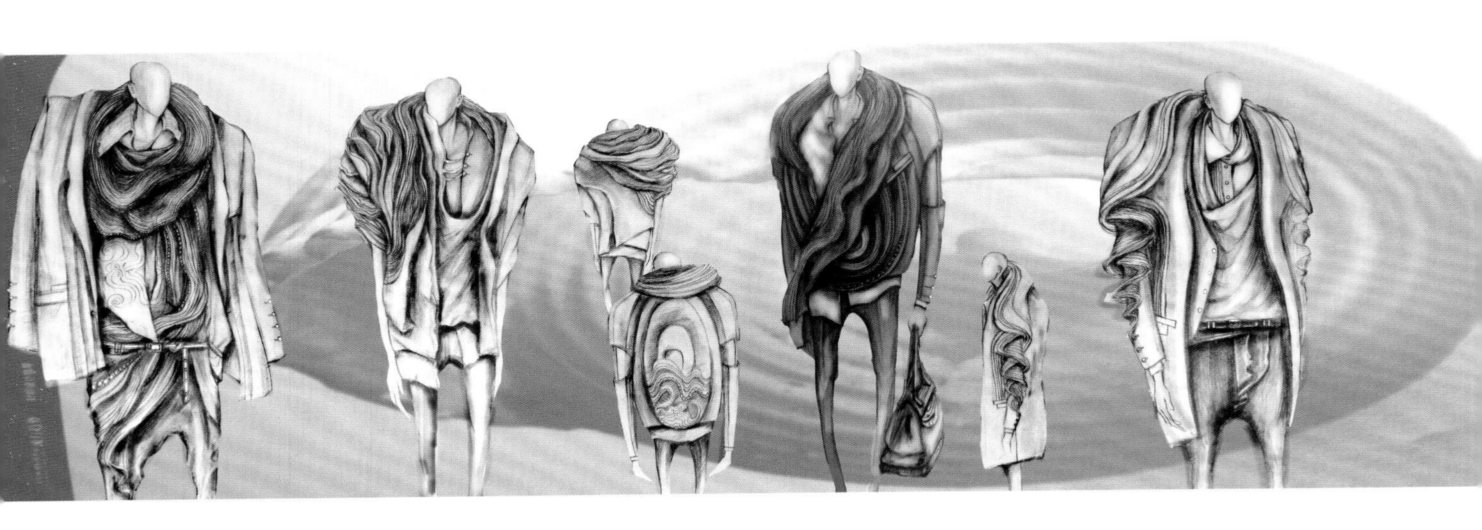

作品主题为《回》，画面构思新颖，人物排列错落有致，风格独特，灵感来源于蜿蜒曲折的贝壳纹理。运用旋转缠绕的设计手法增加服装的视觉效果，局部采用扭曲不对称的形式，以及独具中国特色的回旋纹图案加以点缀，精致与古朴并存，很好地展现了服装的韵律美。服装内外搭配层次分明，体积感和厚重感强化了该系列的设计风格，效果图表现完整。

该系列选择经典的黑、白色来表达极简主义的冷峻、简约和干练，材质上选择皮革、欧根纱、针织等面料结合运用，用夸张戏剧的方式打造整套服装的视觉效果，加强了对肩部的强调，使模特看起来像个武士。以旋转缠绕的设计手法在衣领处增加立体堆叠和层次变化的装饰，局部细节上采用绗缝手法，通过扭曲不对称、回旋纹图案加以点缀，搭配镂空图案，并在套装上依据轮廓线疏密有致的排列，这些元素相互呼应的同时亦形成一种鲜明的对比，为服装增添了流淌的时尚韵律感，和颜色、材质上的体积感和厚重感一起强化了该系列的设计风格。

十九　释放

第八届中国（常熟）休闲装设计精英大奖赛

设计师　顾宁

设计主题为《释放》的系列设计，其效果图表现清新自然，以图案设计为主，蓝、黑、白色的组合搭配，丰富中又有变化，增强了系列节奏感。夸张的外部廓型，不同位置和面积的印花图案使之充满活力和联系性。细节上，彩色亮片装饰在印花图案上，并依据轮廓线疏密有致的排列，为服装增添了流淌的时尚韵律感，宽松但有层次搭配，以及裙摆不对称的结构，这些细节元素相互呼应的同时也形成了一种鲜明的风格。

该系列通过数码印花，将原本单一的颜色呈现出由浅到深、深浅不一的变化，层叠的印花也从同一色系的色块拼接营造出一种新的定位印花。简约的廓型，因为细节的局部设计和跳跃的色彩而显得有新意。柔软的色丁缎展现出完美的垂顺立体效果，无论是素色还是印花的色丁缎和丝绸，都闪烁着华丽的光泽。由于织物的结构光滑柔顺，高密薄缎营造出了更立体的造型，同时华丽的装饰性单款通过哑光亮片作为点缀，又呈现出了一种感官上的质感。

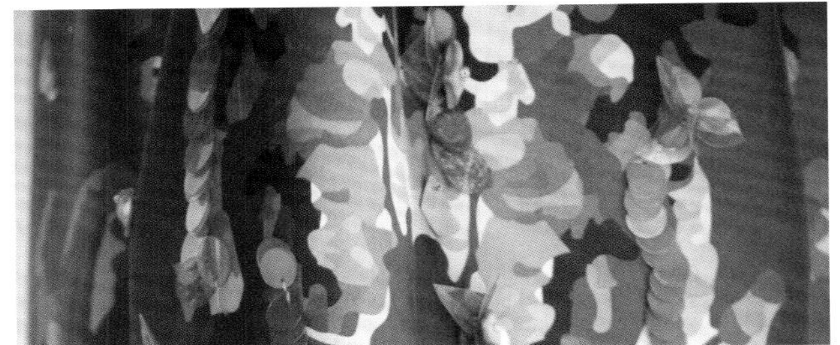

二十 蔓延

“绮丽杯”第16届中国时装设计新人奖

设计师　方美龄

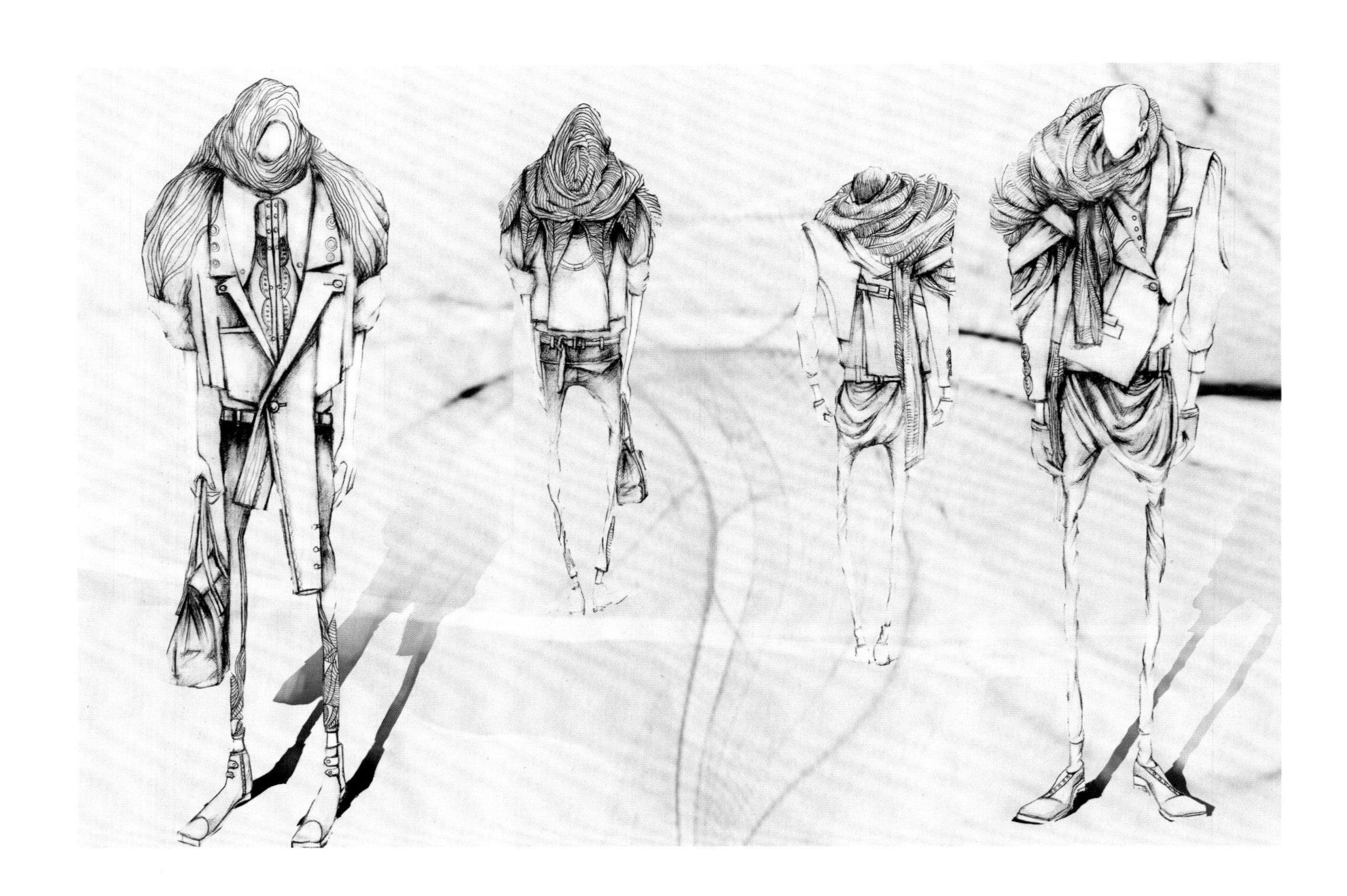

该作品主题为《蔓延》，以铅笔手绘素描为主要表现手法，线条虚实流畅富有变化，款式表达清晰完整，以植物的经脉作为设计元素，将脉络的韵律结合到服装上，细节设计独到。以缠绕捆扎与服装拆分重组相结合，面料的肌理变化丰富，对比中和谐统一、不失协调，具有非秩序的美感，增强了服装的视觉效果。

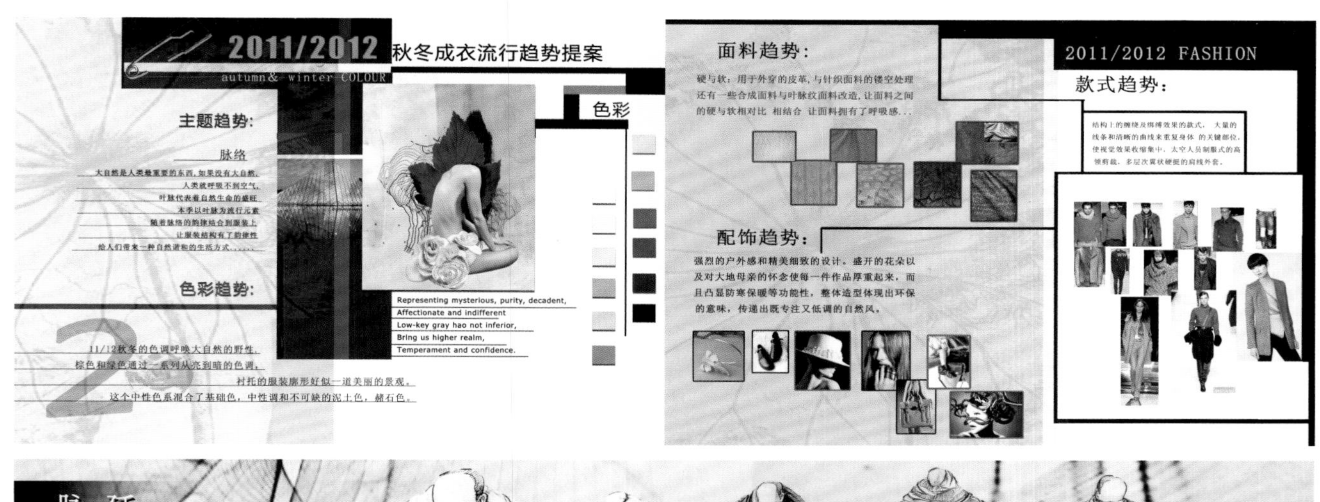
2011/2012 秋冬成衣流行趋势提案
autumn& winter COLOUR
主题趋势:
脉络
大自然是人类最重要的东西，如果没有大自然，
人类就呼吸不到空气，
叶脉代表着自然生命的盛旺
本季以叶脉为流行元素
随着脉络的韵律结合到服装上
让服装结构有了韵律性
给人们带来一种自然谐和的生活方式……
色彩趋势:
11/12秋冬的色调呼唤大自然的野性，
棕色和绿色通过一系列从亮到暗的色调，
衬托的服装廓形好似一道美丽的景观。
这个中性色系混合了基础色，中性调和不可缺的泥土色，赭石色。
色彩
Representing mysterious, purity, decadent,
Affectionate and indifferent
Low-key gray hao not inferior,
Bring us higher realm,
Temperament and confidence.
面料趋势:
硬与软：用于外穿的皮革，与针织面料的镂空处理还有一些合成面料与叶脉纹面料改造，让面料之间的硬与软相对比 相结合 让面料拥有了呼吸感...
配饰趋势:
强烈的户外感和精美细致的设计。盛开的花朵以及对大地母亲的怀念使每一件作品厚重起来，而且凸显防寒保暖等功能性，整体造型体现出环保的意味，传递出既专注又低调的自然风。
2011/2012 FASHION
款式趋势:
结构上的缠绕及绑缚效果的款式，大量的线条和清晰的曲线来重复身体 的关键部位，使视觉效果收缩集中，太空人员制服式的高领剪裁，多层次翼状硬挺的肩线外套。

脉·延
此作品运用脉络作为设计元素，
随着脉络的韵律结合到服装上
让服装结构有了韵律性
给人们带来一种
自然谐和的
生活方式……

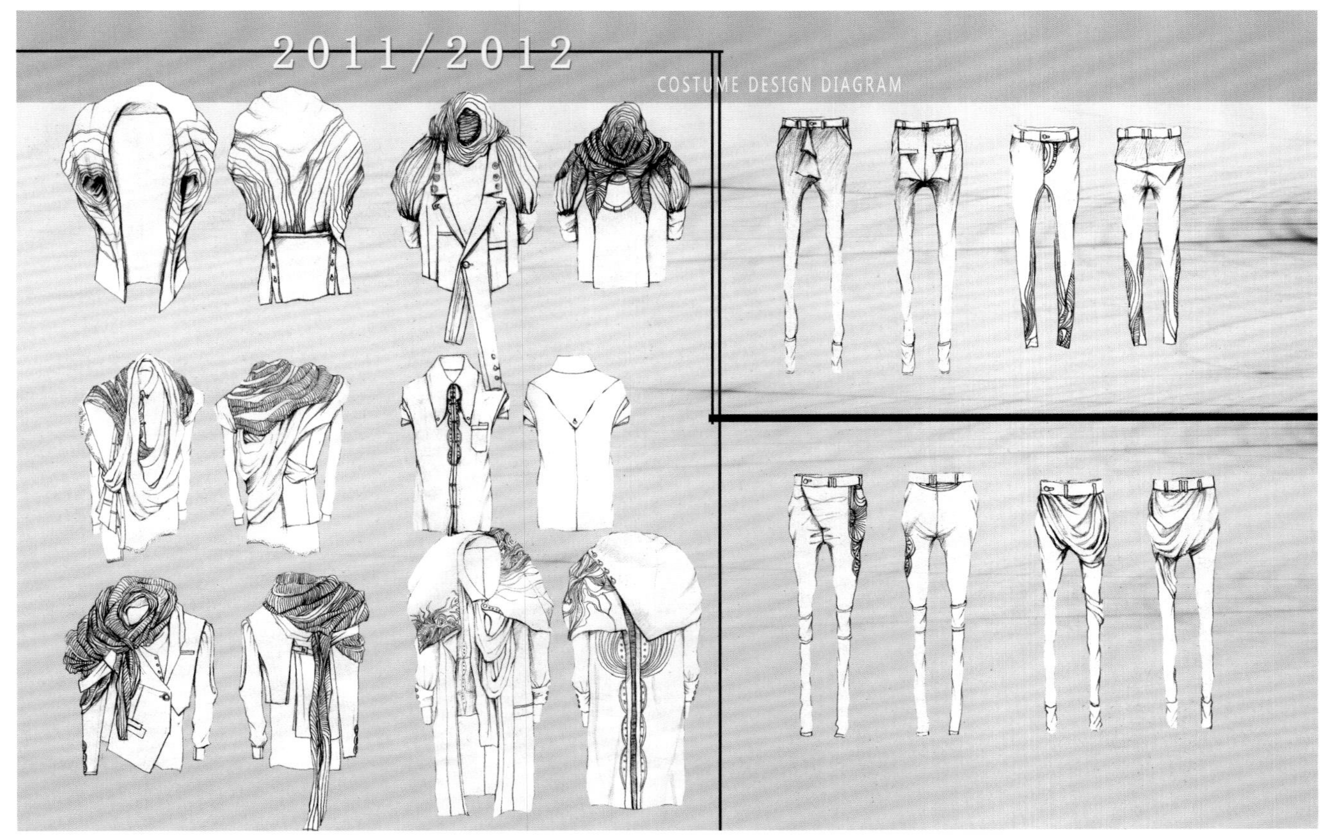
2011/2012
COSTUME DESIGN DIAGRAM

该系列整体以经典的黑色为主，采用毛呢、薄纱、皮革等面料。工艺上采用拼接、压褶、绗缝、压花等手法。款式搭配层次丰富，用厚质感的上衣搭配轻薄面料的下装，上半身轮廓宽松雄伟，下半身面料轻薄贴身，具备功能性的摩登装束又传达出了流行新创意。不对称的裁剪与分割细节，将服装拆分重组，设计独特。通过对边棱叠加褶皱，表达对肩部设计的强调。为男士造型提供阳刚干练的气质。缠绕捆扎的领部装饰，为日常配搭提升舒适质感。风趣的细节绗缝图案，营造独特的视觉效果，打造出极具前卫个性的潮流装扮。

该系列加入年轻化的运动元素，以黑白条纹为主要设计元素，通过条纹的粗细对比、疏密对比以及方向的有序无序变化，打造无可争辩的视觉韵律效果。色彩上将黑色、金属色与相对立的白色糅合在一起，充满了金属质感，从而为整个系列增添了立体和纵深感。采用针织、皮革等面料结合，通过拼接、镂空、印花等手法将传统面料和技术与现代表现形式融合，提供舒适的穿着体验。款式搭配实用，可穿性较强，兼具功能性，同时满足了运动和美观的需求。扎脚管的宽松哈伦裤搭配机车拉链夹克，以及那些带有诱惑力的金属网眼外套，增强了活力与通透感。细节的精准分割和线条干净的感觉，张力十足而充满能量。裁剪自然的廓型，带来放松的随意感，体现未来运动装的诉求：灵活性，时尚感，前卫的设计、配色和花纹，追求流畅和活力。

二十一 黑与白

"乔丹杯"第7届中国运动装备设计大赛

运动装金奖/设计师 冯玲玲

作品主题为《黑与白》的运动装系列设计，设计风格鲜明，设计视角独特，运用侧面人物动态来表现服装款式，人物布局排列错落有致，动感十足。以黑白条纹为主要设计点，条纹的粗细对比丰富且具有节奏感，通过疏密对比以及方向有序与无序的变化，将所有设计点融于一体，丰富了该系列的内在联系，增强了视觉效果。此外，网眼的透气应用，也增强了活力与通透感，款式搭配实用，可穿性较强。

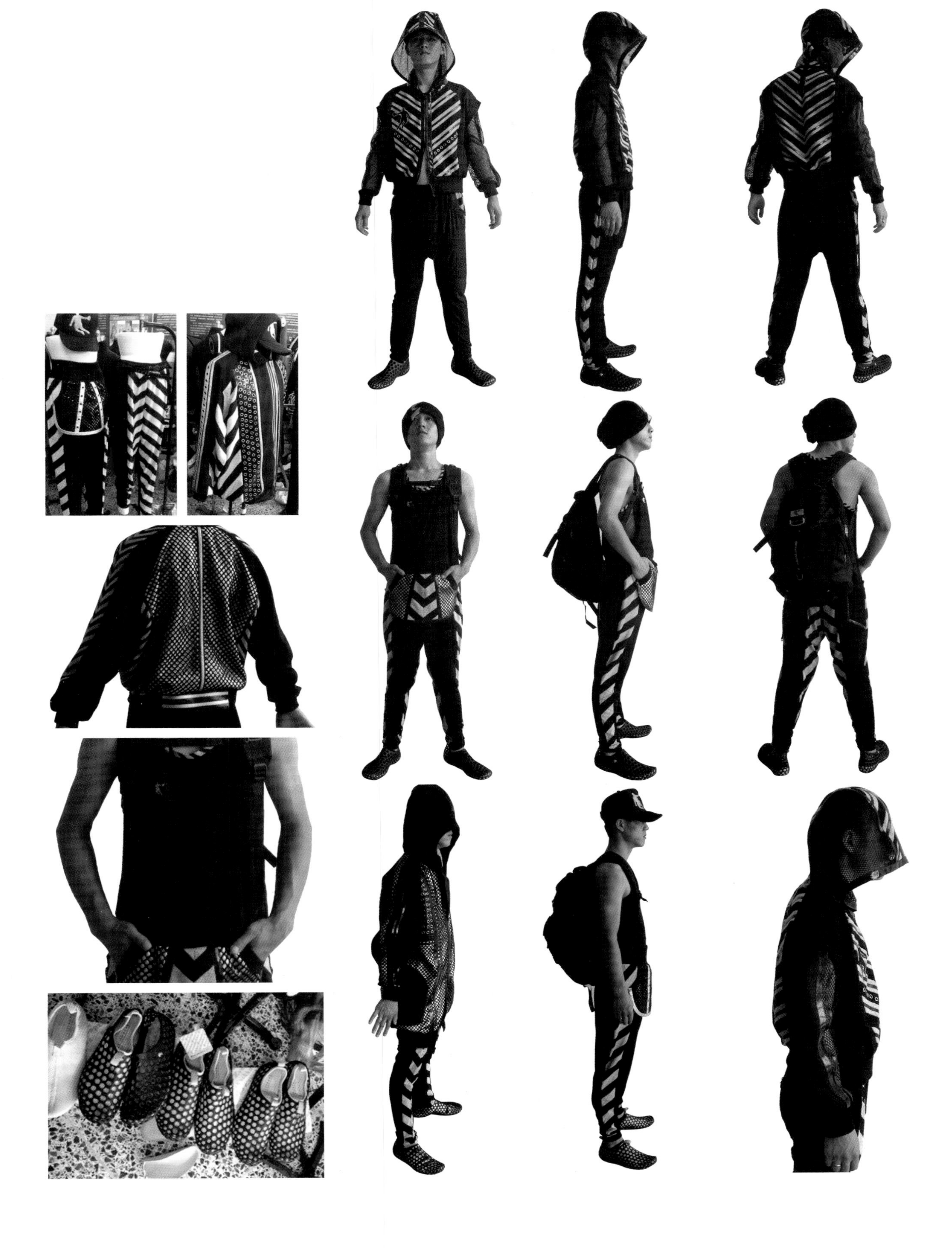

二十二 蜕变·型变

“乔丹杯”第8届中国运动装备设计大赛

铜奖/设计师　王朋

作品主题为《蜕变·型变》，运动装系列设计，人物形式独特，设计者取巧地运用随风飘动的长发，使整个画面富有活力和动感。

该系列以线迹为设计亮点，廓型简洁，注重细节设计，内外兼具，通过款式内部垂直流动的分割线条与局部排列，强化了内部结构与外部比例的关系。面料应用丰富，包括漆皮、网眼、氨纶、针织等面料，半透明防晒服的设计，将功能性与实用性融入其中，同时具有十足透气性和舒适性。

二十三　莲花

"浩沙杯"第一届中国健身服饰设计大赛

金奖 / 设计师　田澎

设计主题为《莲花》，瑜伽服系列设计。人物动态表现轻松自然，作品以佛教的莲花为设计元素，变化中求统一，黑与白的色彩对比鲜明，简洁大方实用。采用数码印花工艺，通过局部图案设计的变化，使服装呈现出不张扬的含蓄美。表达清静无为的心灵意境，设计主题突出。

贴身的设计，既具有现代感，同时也凸显了瑜伽服的运动特性，彰显了面料感。印花的设计又加深了瑜伽服的历史感

HOSA 浩沙
HOSA
HOSACUP1STCHINAFITNESSWEAR
DESIGNCONTEST
袖子的设计为瑜伽服加强了时尚感
更为舒适的裤装，运动起来更加的便捷
HOSA 浩沙
HOSA
HOSACUP1STCHINAFITNESSWEAR
DESIGNCONTEST
舒适
垂荡的外套，多功能穿法
自然、清新、居家的设计感
HOSA 浩沙
HOSA
HOSACUP1STCHINAFITNESSWEAR
DESIGNCONTEST
利用数码印来体现瑜伽服的特点
腰部的设计凸显了瑜伽服的两用性
HOSA 浩沙
HOSA
HOSACUP1STCHINAFITNESSWEAR
DESIGNCONTEST
针织开衫外衣
用莲花的静来体现裤装
舒适的裤子，可调节的腰带，让运动更加舒适

该系列作品以中国佛教的莲花为设计元素，恰似水墨画风格，表达清静无为的心灵意境。款式简洁实用，宽松的设计凸显了服装的舒适特性，极简的设计与充满艺术感的细节处理，动人地展现出了该系列宁静素雅的温润特质。同时经典的黑白色彩搭配展现了产品极致的呼吸性能，犹如夜与昼的更替，无限伸展，身着瑜伽服的模特们用柔软的肢体语言对话。采用印花工艺，使服装呈现出不张扬的含蓄美。灵动飘逸的披肩袖与夸张荷叶袖的运用，散发着自由的魅力。塑身胸衣结构环绕在胸部外侧的褶皱上衣上，与柔顺服帖的弹力面料相结合让女性每天都可以展现曼妙的身体曲线。印花上点缀的精致亮钻为手工精心制作，营造出面料细微的光泽变化，优雅地诠释着平静之美、传承独到匠心。而裤子上的镂空细节则平添了一番意想不到的优雅质地，既有怀旧特色又兼具摩登美感。

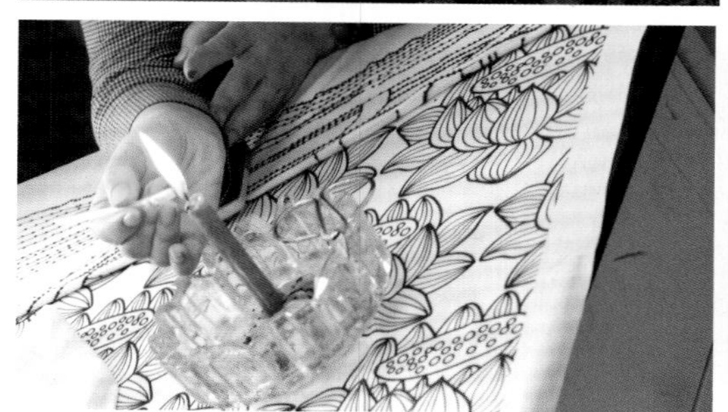

二十四 空间——身体与服装之间

第 19 届“汉帛奖”中国国际青年设计师时装作品大赛

铜奖 / 设计师　陈龙

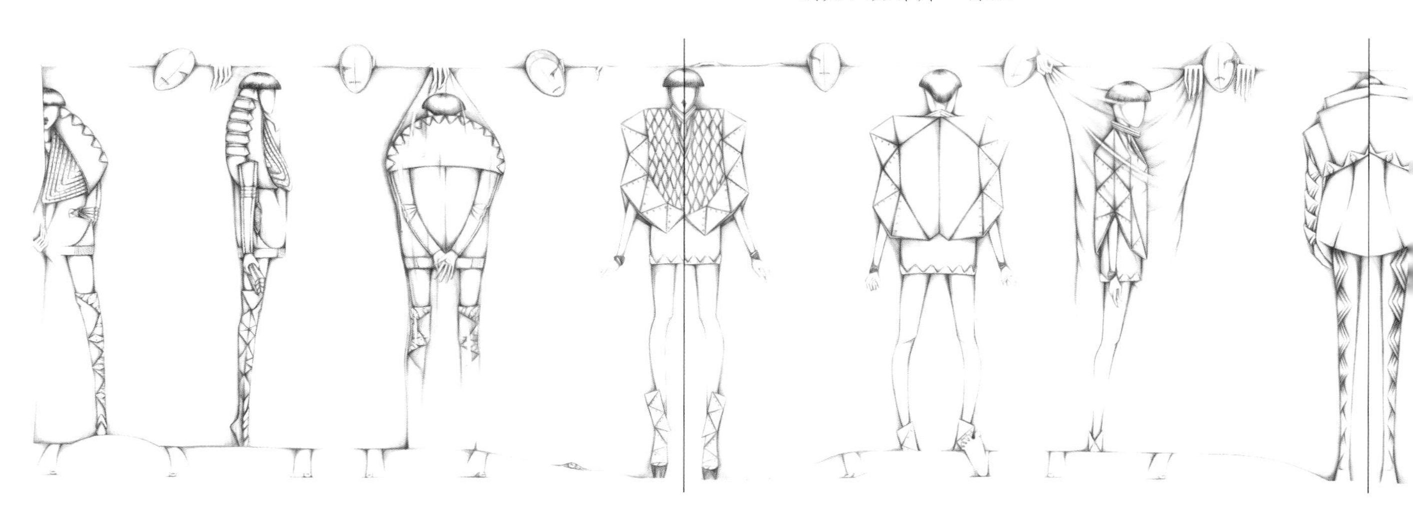

该作品主题为《空间——身体与服装之间》，从不同的空间角度、不同的服装特质以及不同的人穿着不同服装之间的相互渗透中汲取灵感，在工艺手法上将不同质感的面料进行多次处理，以达到不同的肌理效果，运用面料的再造与改进等方式来达到材料的质感美。通过铅笔手绘来表达设计者对主题的诠释，用玩偶作为道具的表演形式来讲述一个系列的演变过程。元素采用折叠摒角的设计手法表现服装中的建筑美感，全方位地展示元素在每套设计的正、侧、背面的应用。

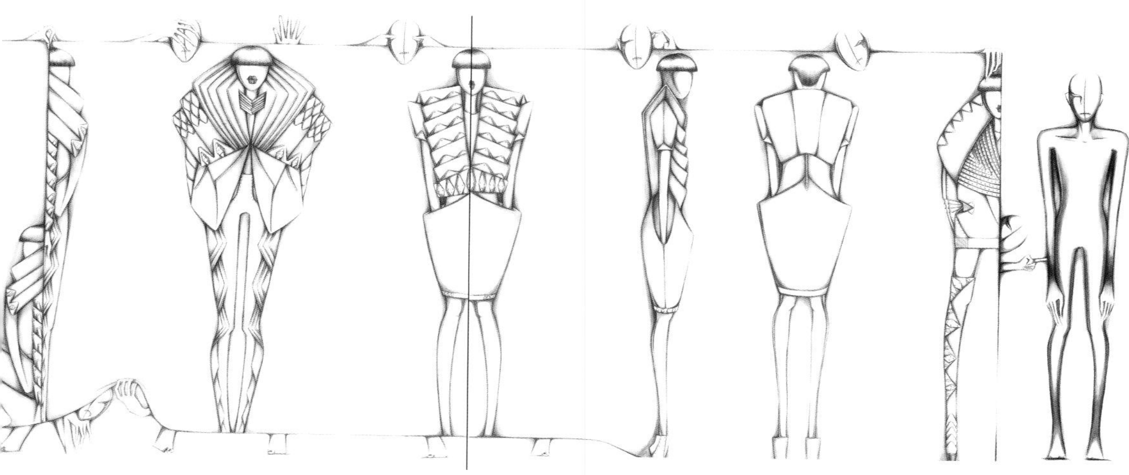

该系列色彩以黑、白、灰为基调，以折纸为主要设计元素，通过几何折纸艺术的花型打造出丰富多变的层次感，将几何图形镶嵌在面料上，形成凸起的方块，宛如日本折纸手工艺术品，更显立体廓型。工艺上采用压褶、折叠摒角等手法和精妙的制衣工艺提升成衣质感。面料上着力于手感、质地与视觉效果的体现，略带亮泽，基于极简纯净的设计理念和简洁利落的廓型强调面料细节的装饰效果。外套及上衣的肩部裁剪线条搭配衣袖截短的外套看起来更为灵巧，借此打造富有结构感的服饰。同时上衣的硬挺褶饰也可以形成柔美的波纹效果。

二十五 无界

第 14 届“虎门杯”国际青年设计（女装）大赛

铜奖 / 设计师　王朋

无界 THE 14TH “HUMEN CUP” INTERNATIONAL YOUTH DESIGN CONTEST (WOMEN'S W

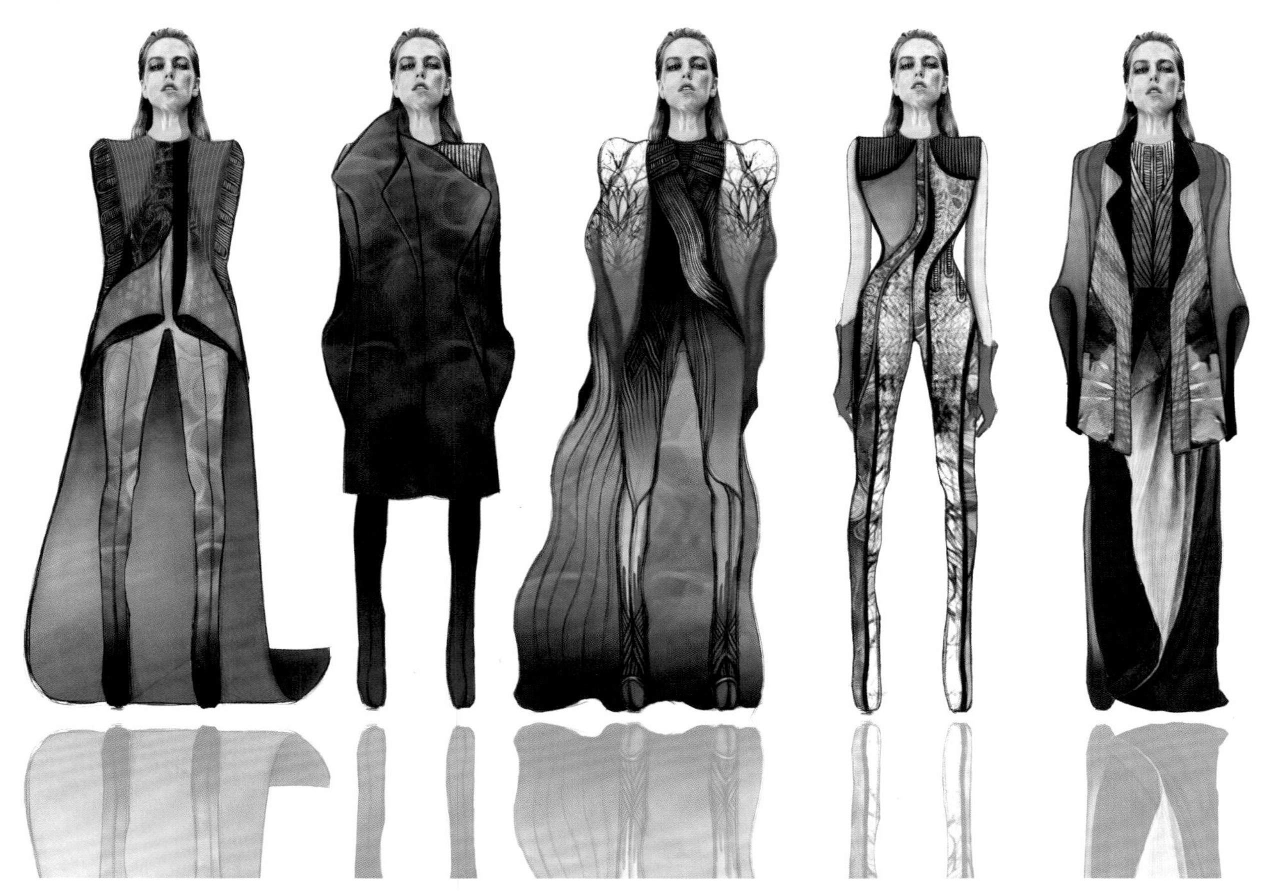

作品主题为《无界》，色彩以蓝灰色系为主，选用毛呢、网布、薄纱、皮革面料，整体突出肩部设计，同时局部不对称的层次搭配也很丰富。用厚质感的上衣搭配轻薄面料的下装，“头重脚轻”的效果反倒带来了新鲜感。上半身的宽松轮廓惬意放松，下半身随着身体曲线垂下的薄裙瞬间转换了气氛，这是一种在摩登外表下性感的内涵表达。以绗缝工艺为特色，不仅呈现浓郁的现代气息，并形成了独有且无法取代的艺术效果，将柔美曲线的绗缝纹理融入硬朗廓型的大衣和裤装中，简洁的设计和流畅的线条相呼应，亮色反光皮革面料加上轻盈半透明面料赋予了绗缝设计独特的肌理质感，若隐若现的视觉效果彰显出别致的洒脱格调。

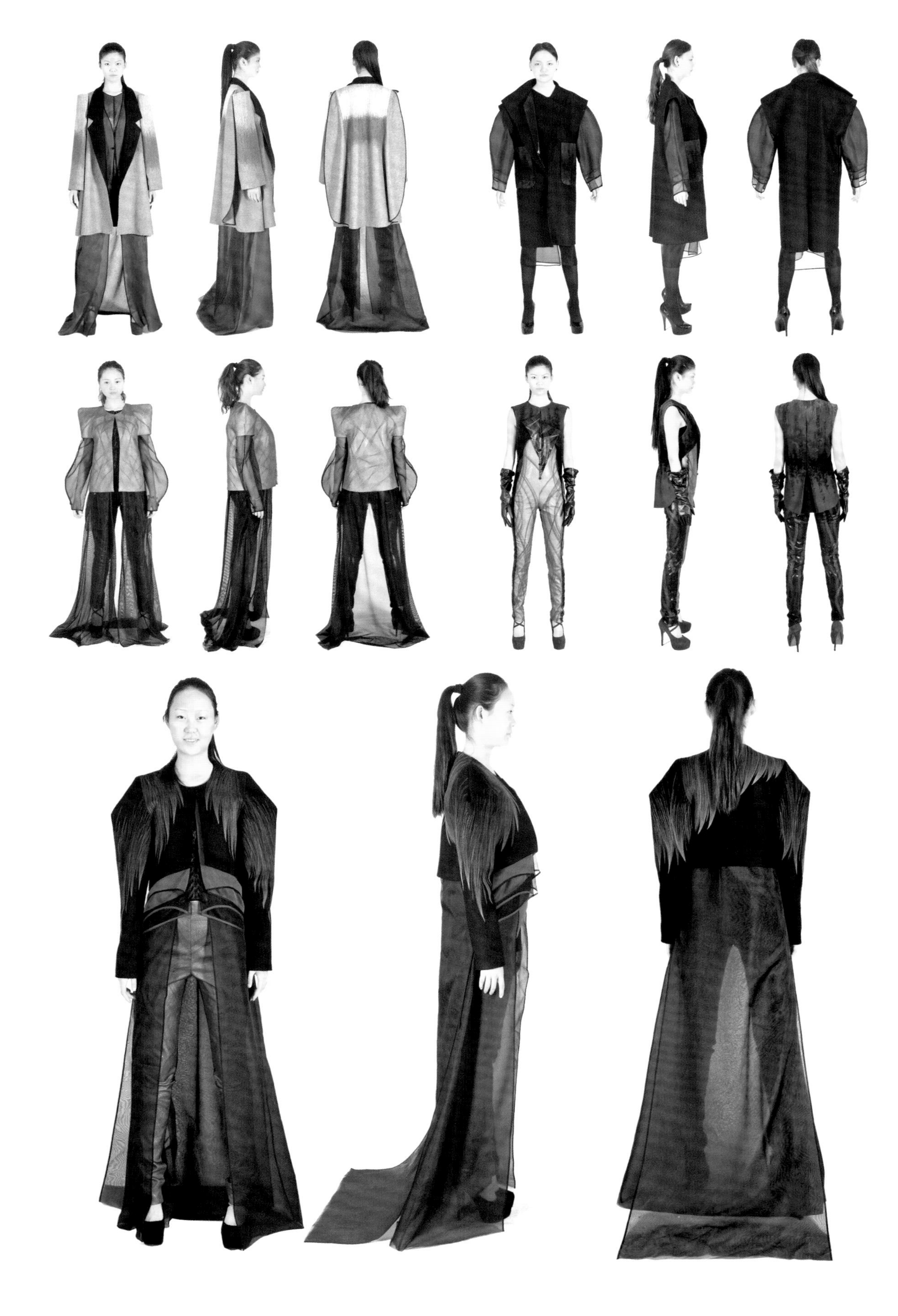

二十六　边界

2013“中国轻纺城杯”中国国际时装创意设计大赛

铜奖/设计师　高磊

作品主题为《边界》，灵感来源于古老的拼布手工艺，色彩以黑色为基调，运用红、黄、蓝、绿等多种色彩的明暗进行撞色搭配，灵活运用鲜明色彩和高饱和度纯色系，强调视觉效果，让造型更加立体。以几何图形为主要设计元素，幻化出一系列的色彩，并运用高质量的制作工艺以及宽大的外形将其演绎。工艺手法上主要以拼接为主，棱角分明的几何形状以千变万化的姿态呈现，精致的拼接图案完美糅合其中，色块拼接中结合精致边线的细节，为整体造型增添层次感。大小各异、色彩迷幻的几何图形最终汇聚，并勾勒出系列的主题，选用皮革与纱质面料搭配，不同材质碰撞出美轮美奂的风格新装。款式简洁，廓型大气，新式的剪裁轮廓构筑出多元风格。

二十七 炫舞·共生

2013“常熟服装城杯”第五届中国休闲装设计精英大奖赛

银奖 / 设计师　冯玲玲

作品主题是《炫舞·共生》，为手绘效果图，体现了设计者扎实的手绘效果图功底，通过写实的绘画手法，采用水彩和勾线相结合，表现细腻。以灰色为主色调，黄色作为辅助色，几何条纹渐变组合搭配的基础上加以变化，节奏感和整体感较强，在传统的服装设计中凸显了设计的创新性。

该作品为拼布系列设计，从无彩色系到有彩色系过渡延展。以直线的不同组合构成不同纹样的拼接，丰富了该系列的设计。廓型以茧型为主，造型感较强，工艺复杂，每套服装设计都有个重点突出的款式。拼色用到了极致，通过反复试验最终达到最佳效果。成衣作品除整体系列感较强以外，每套作品也很耐看，细节处理也恰到好处。

Paris

二十八　见·形

“TOM DONG 杯” 2015 中国（沙溪）服装设计大赛

银奖 / 设计师　张梦云

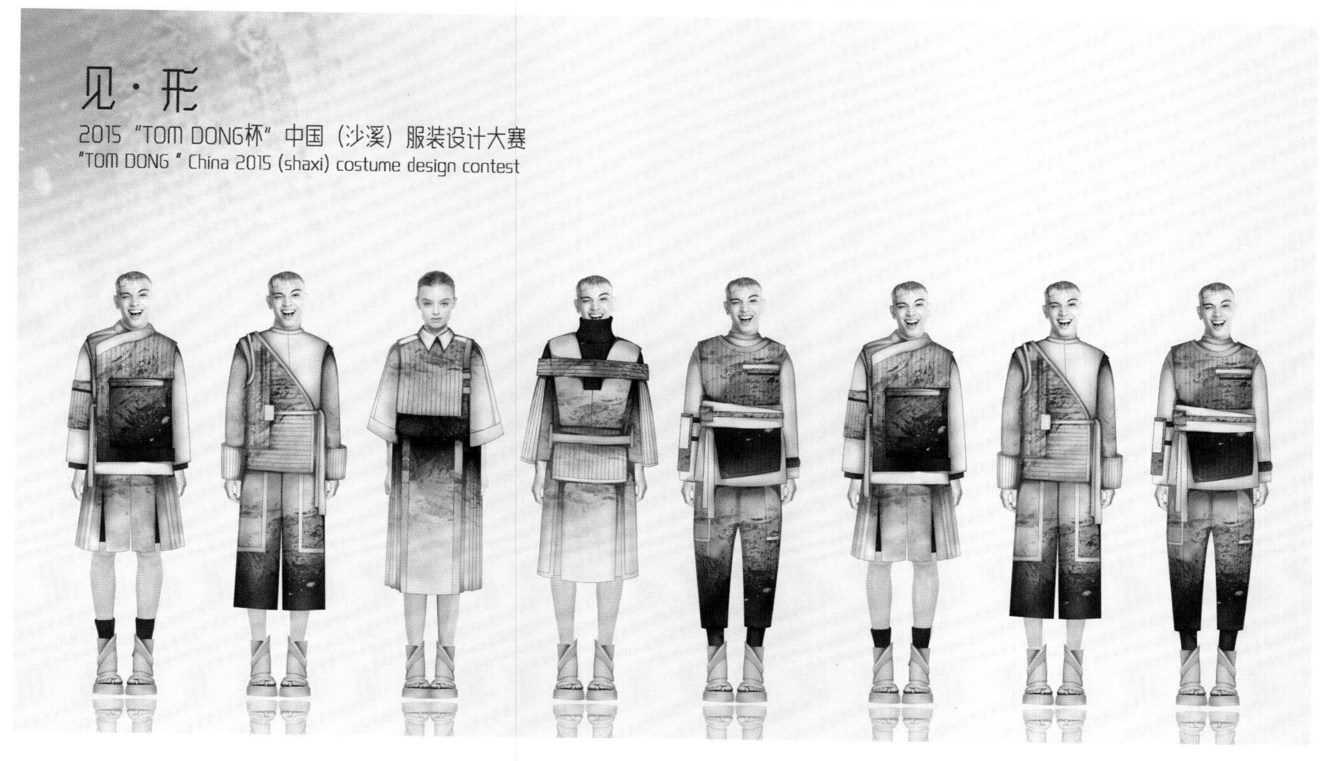

作品主题为《见·形》，男女混合服装设计系列。天然的大理石纹理贯穿整个系列设计，灰蓝色的水洗渐变使视觉效果变化丰富，运用绗缝的设计来表达树脂的流动性，叠搭的服装廓型增强了服装的体积感，不对称、围裹式的设计将民族元素与现代时尚色彩巧妙地融于一体。

该系列的整个工艺设计思路就是将传统的版画艺术手法和传统漆画艺术手法运用到服装中。版画就是先纯手工把设计的图案和花纹运用刻板的手法刻到木板或铜板上，然后再用调制过的版画油墨进行转印，转印的时候轻重可以调节，这种印上去的花纹不仅可以实现在很多数码印印不上的面料上，而且可以水洗不掉色，高温熨烫也不掉色。漆画艺术就是运用漆画特殊的工艺做法把各种漆画画在 PVC 材质上来实现，再运用蛋壳、螺钿片、银粉等各种综合材料，结合大漆的黏合性在 PVC 上来实现许多的艺术漆画作品。

白坯布样衣

面料及工艺制作

成衣侧面细节

二十九 造“街头”

“九牧王杯”第21届中国时装设计新人奖

新人奖/设计师　韦艳梅

作品主题为《造“街头”》，由PS电脑绘制，以黑色为主色，白、红、黄、蓝为辅色，在主色打底的基础上，形成色彩丰富渐变的视觉效果。设计灵感以地图为设计元素，运用手工毛线缝制，外部造型采用瑶族标志性建筑特点进行拆分和重组，服装上具有较强的民族房屋构造特征，简洁大方。

该系列女装设计整体性较强，立体的袖型和宽大的廓型增强了人体与服装的空间关系，烘托了设计主题。配饰上利用了 3D 打印技术，外部造型提取瑶族标志性建筑的特点，通过拆分、重组，具有了较强的民族房屋构造特征——简洁大方，起到了画龙点睛的作用。同时，强调面料的柔软舒适性和可穿性，加上红、黄、蓝色毛线的手工缝制与穿插，内敛不张扬，丰富了黑、白色的单调搭配。

三十　魔幻·意境

普瑞特艺术学院　毕业作品系列

设计师　RAY　LIU

作品主题为《魔幻·意境》，效果图表现个性突出，色彩搭配大胆，丰富靓丽，富有活力。将每套服装作为生命体来表现，彰显个性。具有后现代主义的设计风格特征，赋予了服装灵魂，讲述了其依附在人体身上的怪异生长方式，通过不同色彩和印花的复杂组合来突出主题的魔幻意境。

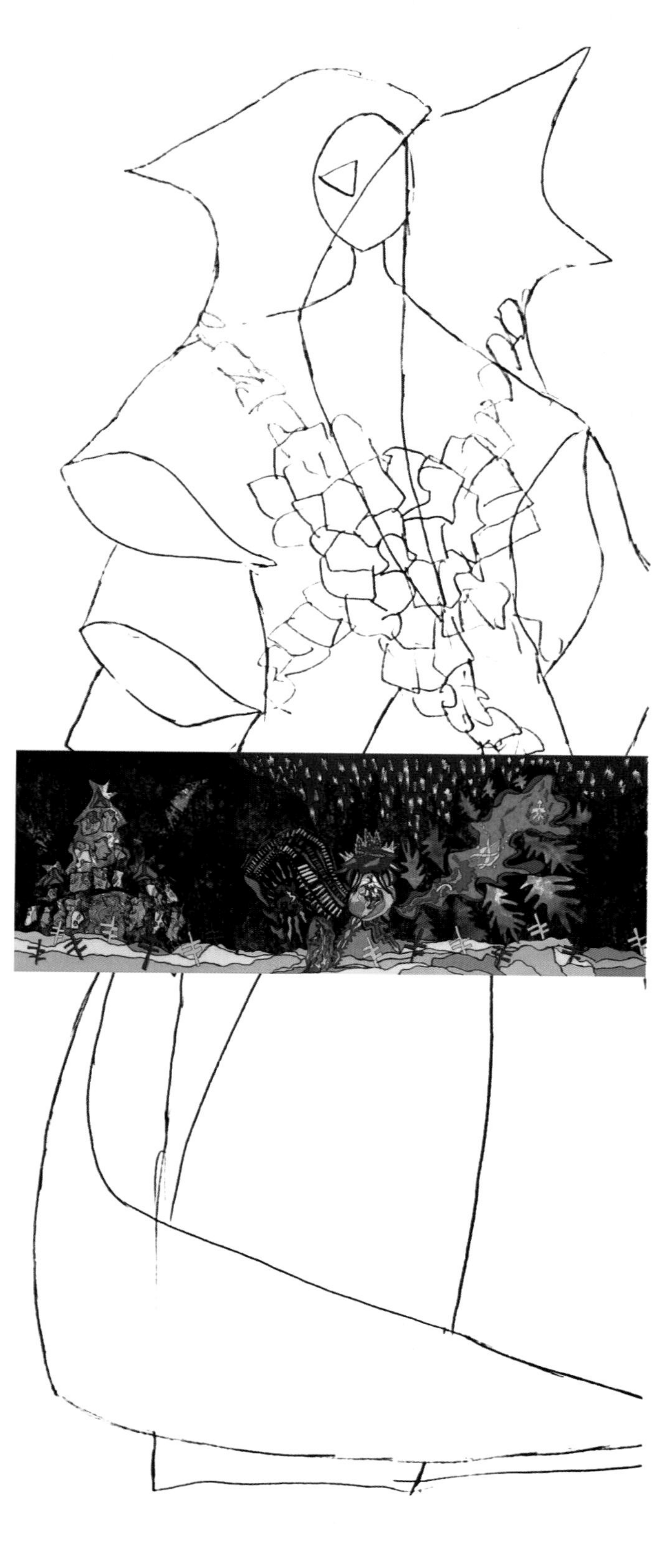

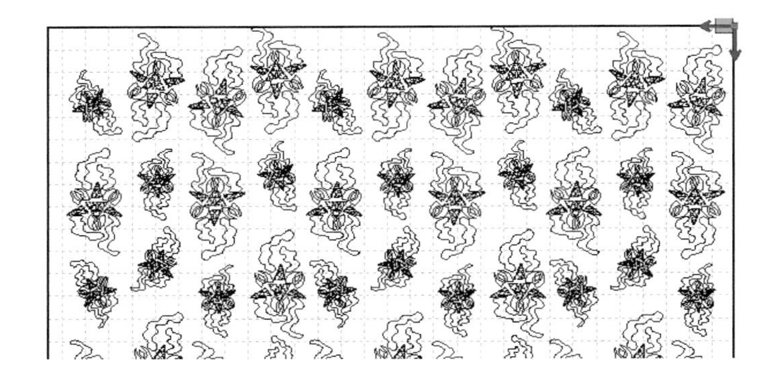

通过立裁来体现服装与人体之间的空间关系，并强调异形剪裁和大的服装廓型，这种内在和外在空间的组合搭配使服装更具生命力。面料主要以丝绸和羊毛相结合，并搭配皮革作为点缀，工艺上通过激光切割和数码印花的设计手法，强调科技感。在看似随意的设计中强调了服装的质感与内涵。

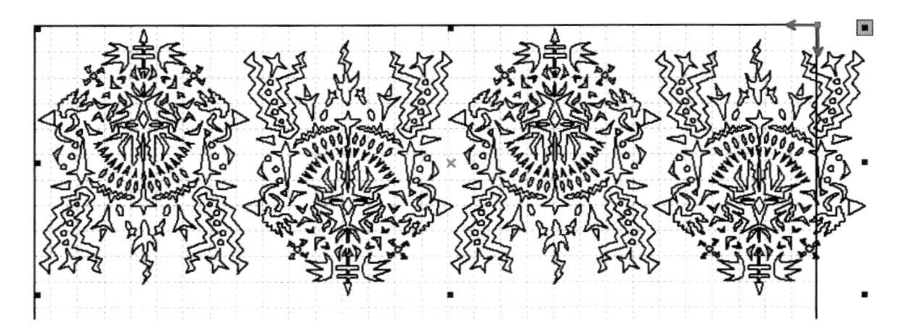

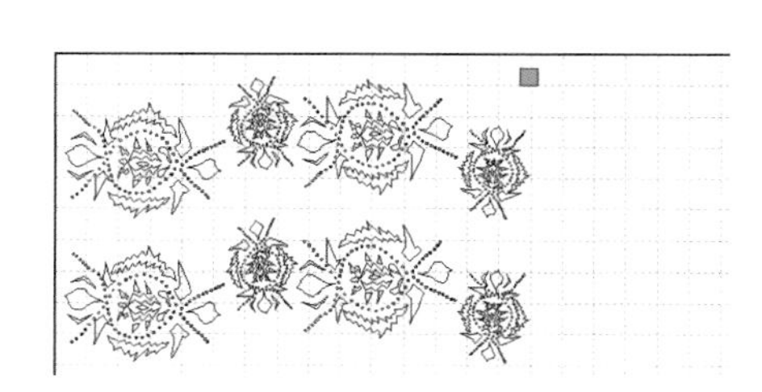

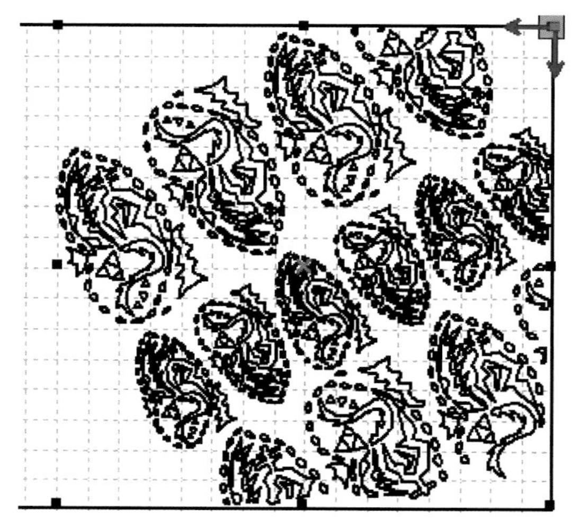

三十一 旗·盘

2014“欧迪芬杯”中国内衣设计大赛

金奖 / 设计师 肖琦

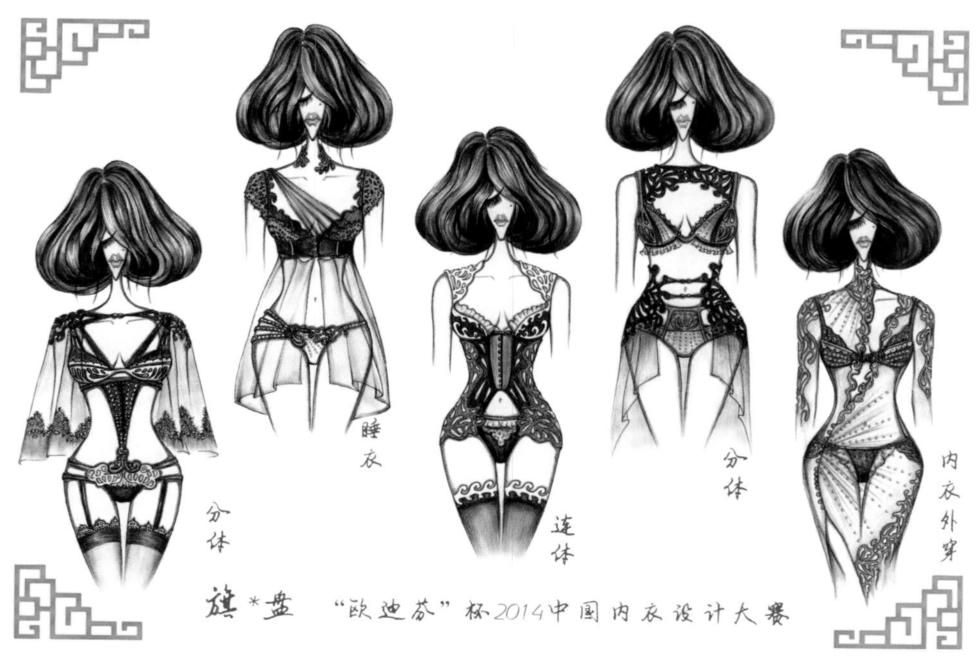

作品主题《旗·盘》，为内衣系列设计，以手绘与电脑辅助处理的效果图呈现，夸张的头部造型，凸显人物个性，强调人体曲线美感，是内衣设计效果图表现较为常见的人体造型。该作品采取省略的画法，主要表现上半身内衣设计，轻松自然，设计元素表现清晰，色彩以黑红搭配为主，并进行穿插变化，力求在整体统一中寻找变化。

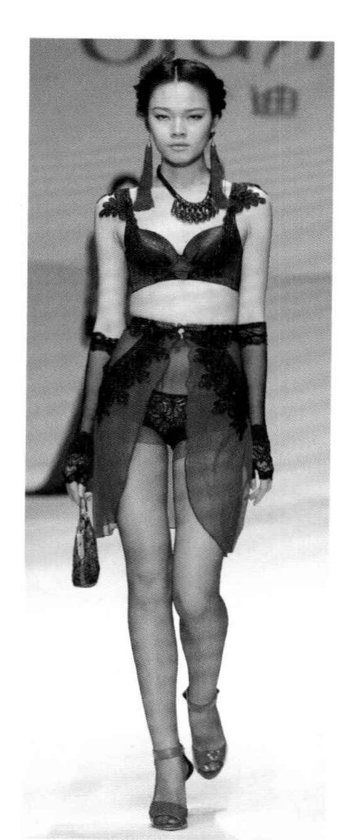

该内衣系列设计完整，协调统一，以旗袍为设计源泉、盘扣为设计元素，分别以分体、连体、睡衣、睡袍、睡裙的分类展开设计，在传统内衣设计中有较强的创新性。不对称的睡袍设计是该系列的亮点，既有民族元素的应用，又具有现代时尚性。运用大量蕾丝花边，表现细腻，手工贴钻和缝珠增强了立体感，表现了设计者深厚的手工感和实践功底。

三十二 Be Yourself

第 23 届中国真维斯杯休闲装设计大赛

设计师　肖琦

作品主题为《Be Yourself》的休闲装系列设计是电脑绘制效果图，人物造型独特，具有中性特征。该系列以图案设计为主，运用了抽象立体派画风的特征，色彩运用大胆，鲜艳的色彩与灰色组合搭配，产生了强烈的对比视觉效果。

该系列运用数码印花工艺，通过超大廓型和不对称剪裁增强了设计感。空气层面料的应用，具有造型的可塑性，同时搭配皮质面料压褶工艺，形成了质地对比。图案设计大胆，色彩鲜明，具有后现代主义风格特征。

三十三　女主角

第 20 届“汉帛奖”中国国际青年设计师时装作品大赛

银奖 / 设计师　陈龙

作品主题为《女主角》，服装整体通过黑红渐变色彩表现，款式简洁，元素采用拼贴、绗缝、印花以及丝线捆绑的设计手法。对肩部坚硬边棱的强调，发饰搭配和束腰礼服上点、线、面相结合的小方块装饰，都带有歌剧风格。飘逸长裙有着有趣而神秘的质感，通过立体甚至硬朗的方式展现女性的优柔与华美。同时强调细节设计，腰间的系带流苏巧妙地营造出服装的流动感，赋予穿者洒脱的个性。皮质与薄纱面料结合，将建筑般的结构和理性优雅的浪漫主义风格结合在一起，呈现出一种有别于以往的浪漫主义风格。

三十四 回溯

"绮丽杯"第17届中国时装设计新人奖

新人奖/设计师 王俊斯

作品主题为《回溯》，是商务男装系列设计。表现硬朗的外观造型，人物表现轻松，服装结构合理，注重细节。以不同的灰色系为主，搭配桃红色，在面积上力求多变性、富有节奏感和趋势感。

该系列将皮革面料与针织面料相结合，形成了硬朗与柔软之间的对比、有光与无光的视觉效果，色彩大胆，富有趋势感。搭配帽、围脖、箱包、手套等配饰，搭配合理，每套之间的设计完整性较强，强调了系列感和节奏感。工艺上以绗缝为主要切入点，灵活多变的明线设计，增强了男装的精神内涵。

CHERRY GROUP
43

三十五 归园田居

“九牧王杯”第 22 届中国时装设计新人奖

新人奖 / 设计师　张梦云

作品主题为《归园田居》，为男装针织系列设计，以单色素描线稿绘制而成，人物表现轻松自然。以无彩色系（黑、灰、白）为主，进行穿插变化，从黑白灰中渐变，虽然色彩上运用了无彩色系，但整体统一中又有变化，运用几何形和不对称的分割设计，增强了画面的灵活性。

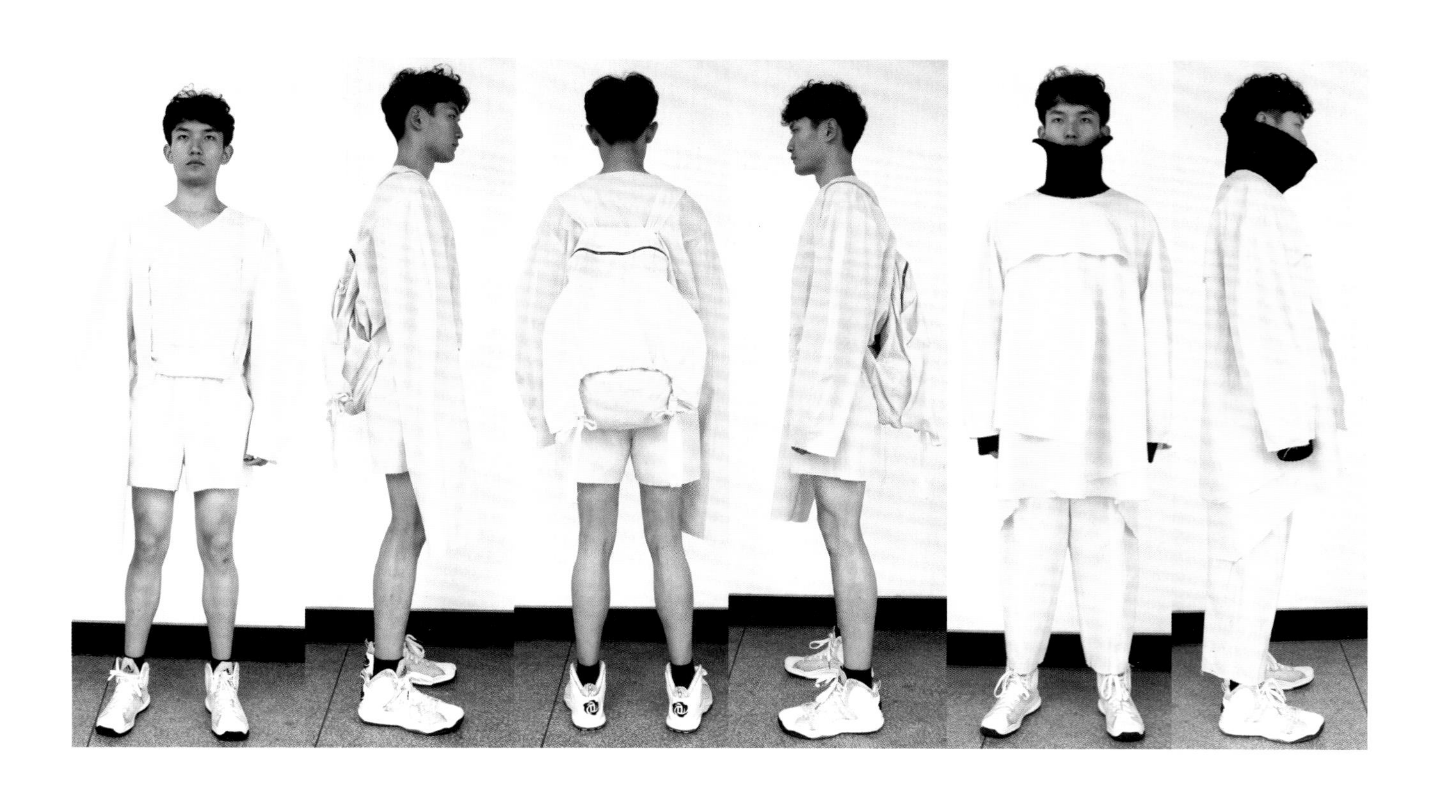

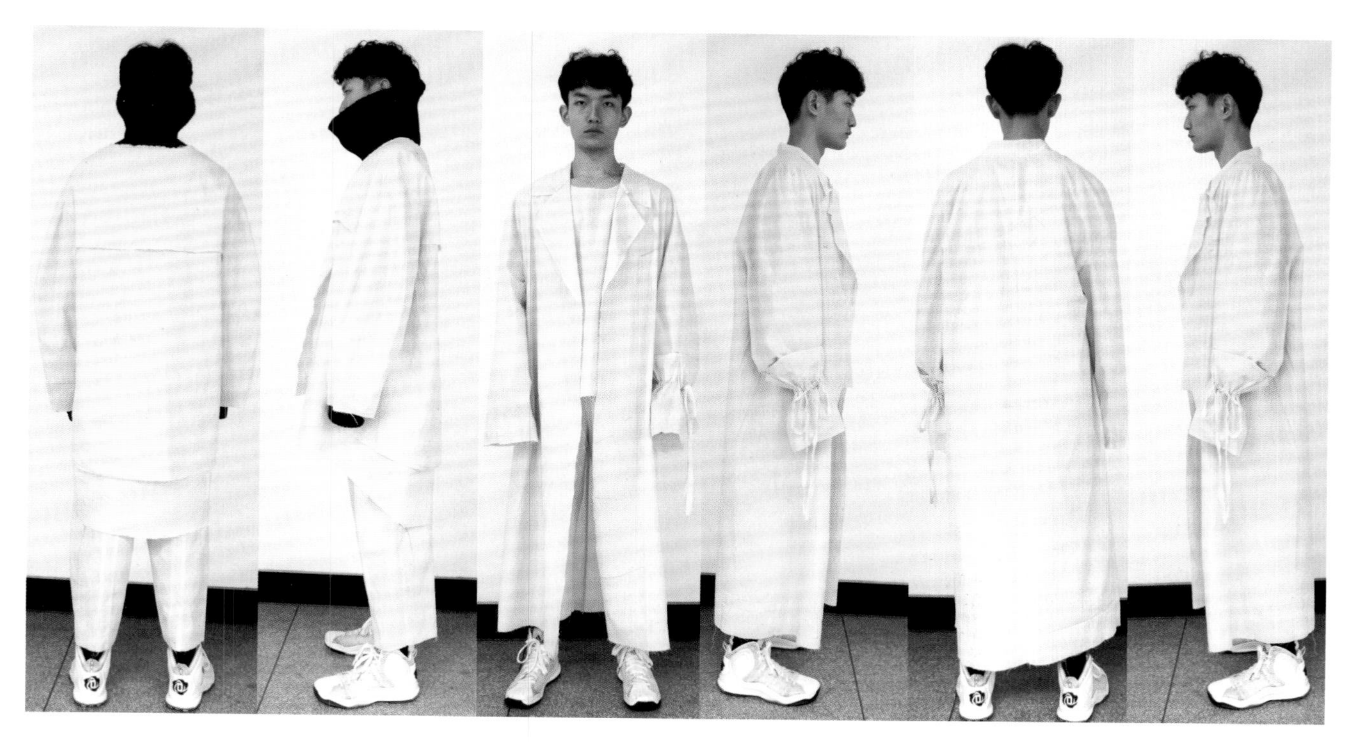

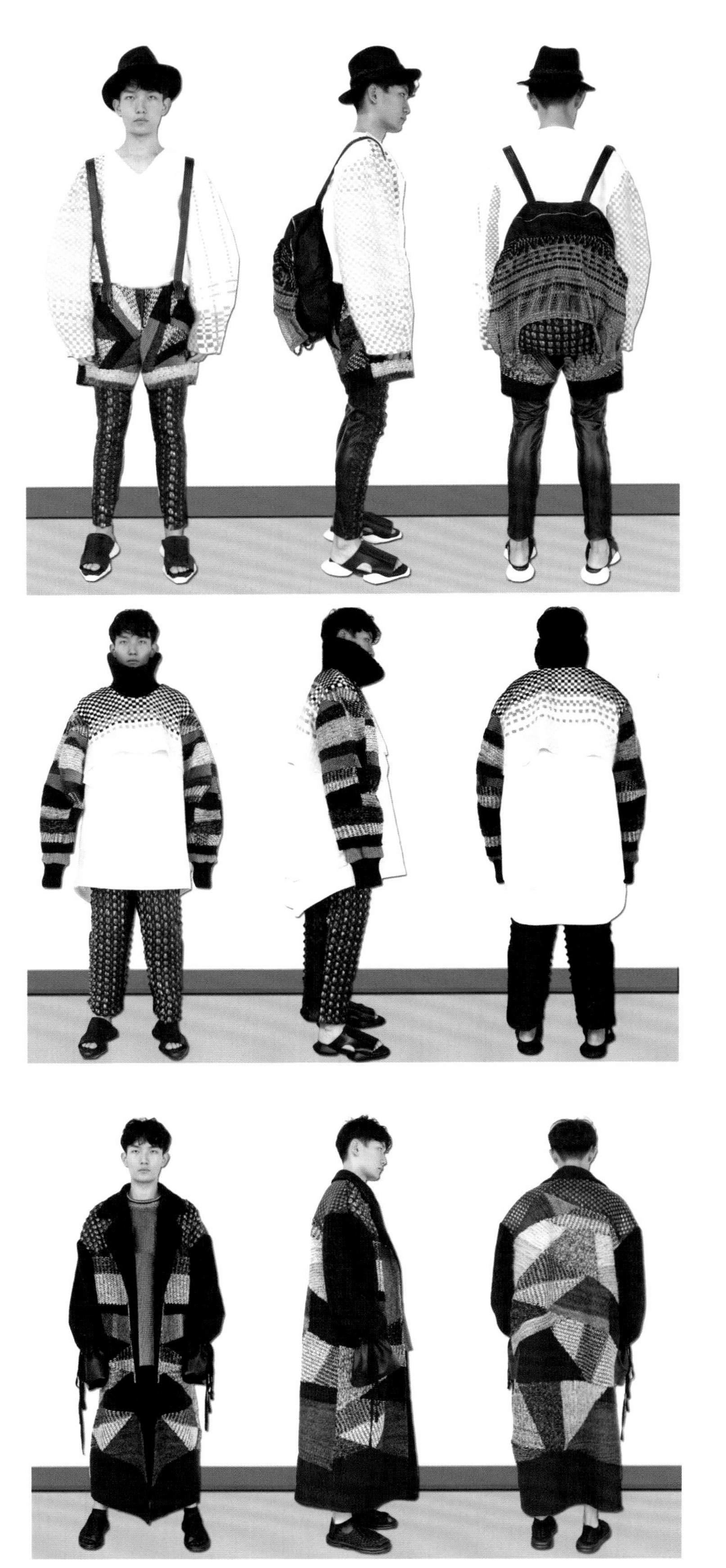

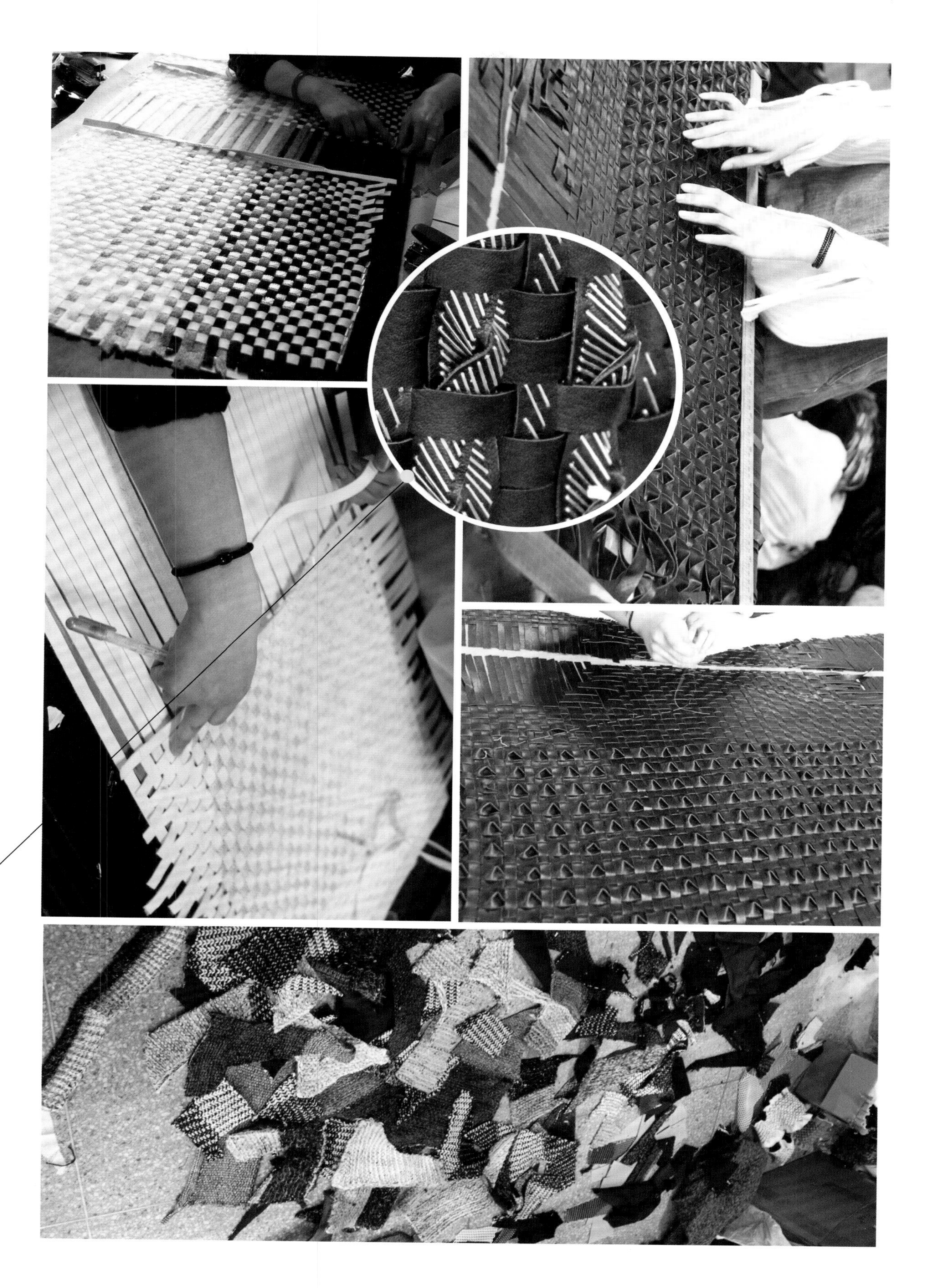

《归园田居》白坯布及成衣

三十六 非黑即白

“九牧王杯”第20届中国时装设计新人奖

新人奖/设计师　郑建文

设计主题为《非黑即白》，以树为设计灵感，树枝的蔓延灵活多变，焕发出设计生机，元素的应用表现出简洁与轻松，加之图案的变化、不同面积的细节设计与视觉中心的转移，丰富了黑、白色彩关系和设计活力。构图富有新意，在人物排列的基础上强调主要款式，空间感较强，设计主题意境突出。

该系列以黑色与白色为主要搭配，对比鲜明。以粗糙干裂的树皮纹理为主要设计元素，完成了一系列简约的女装。工艺上采用激光切割、手工毛线、拼接等手法。面料上选用欧根纱、毛呢、双层复合毛呢面料等，以切口剥离，露出内里的黑色来演绎树皮纹理，加上烫钻的装饰，在空间塑形上呈现出纸片般干脆的效果，赋予了面料有趣而神秘的质感。款式简洁、明朗、大气，宽松大衣上拼接慵懒宽阔的大袖，搭配阔腿裤等。细节设计独特，特别在大衣侧缝接缝处以绳带缝纫，形成一种简约而富个性的穿衣风格。上衣装饰有以毛线缝制而成的树枝图案，粗犷的线条又洋溢着淳朴质感。具有光泽感的透纱衬衣作内搭，与硬挺厚实的面料形成层次的对比，增添了服装清透的呼吸感，又易于穿着。

该系列力求款式设计上的变化与层次穿插的协调统一性，面料上以针织面料为主，采用兔毛和貂毛织条编织的手法，在立体与平面之间寻求美学的统一性与多样性。加入订书针手工排列，产生金属质感，在光泽与无光泽之间产生对比。廓型上采用简洁大方的结构，不同的造型变化中又不失整体性。

三十七 光阴的对面

“九牧王杯”第 22 届中国时装设计新人奖

新人奖 / 设计师　秦泰

作品主题为《光阴的对面》，作品灵感来源于对光阴的感叹。世界的瞬息万变，在高强度的生活节奏压力下，要以自由、豁达、乐观的态度迎接新的挑战，时光不老，依旧追随最初的设计梦想。该系列作品以黑、白色为主色调，采用素描的表现手法，轻松随意。设计强调手工感，主题鲜明。设计效果图表现细致，每个款式都有分解图，细节表现清晰。强调有序与无序的内在联系，体现了设计者和着装人群的品位、审美价值及服装的整体完整性。

第22届中国时装设计新人奖

2017/2018秋冬成衣流行趋势提案

2017/2018 autumn and winter clothing fashion trend

该系列成衣设计以黑白色为主，从白色到黑白色，再到黑色的变化过程中，以点带面，轻松自然，具有节奏感。面料处理丰富，搭配合理并注重细节设计；手法细腻，强调手工感和工艺性；设计思路完整，变化和谐统一。

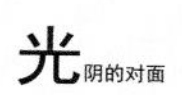

第22届中国时装设计新人奖
2017/2018秋冬成衣流行趋势提案
2017/2018 autumn and winter clothing fashion trend

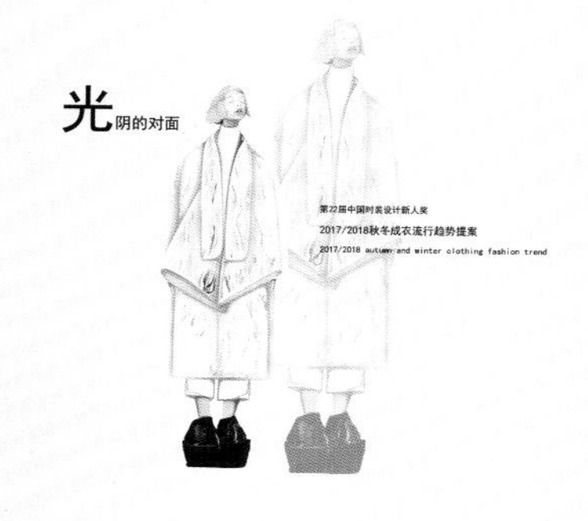

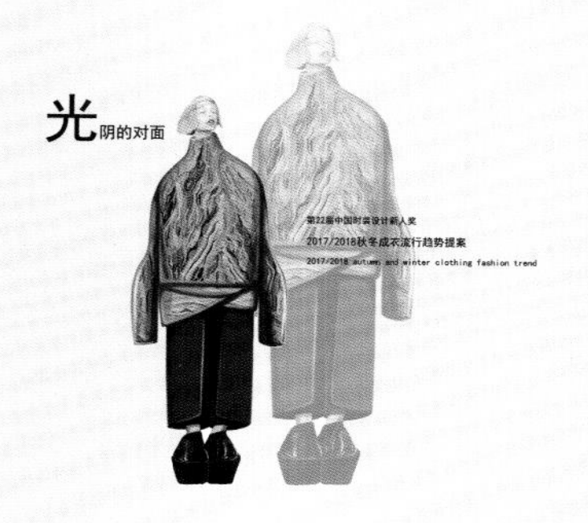

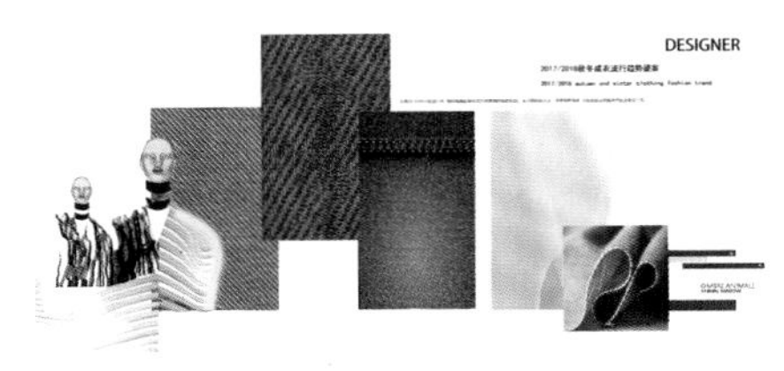

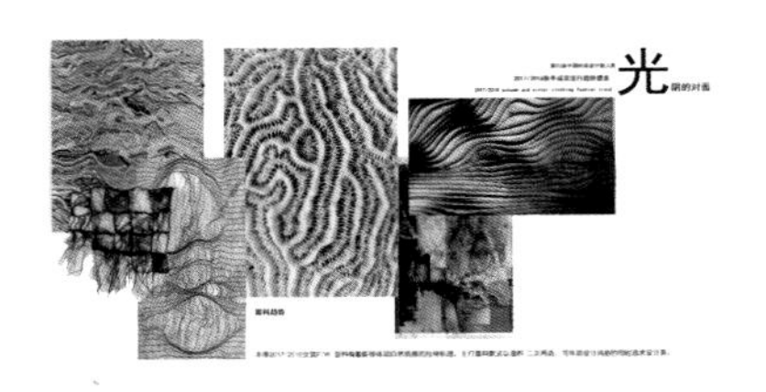

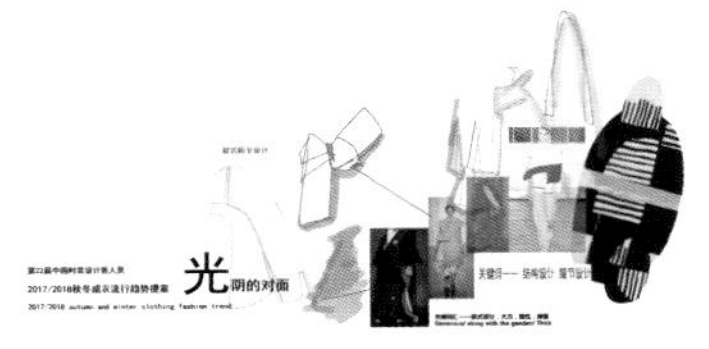

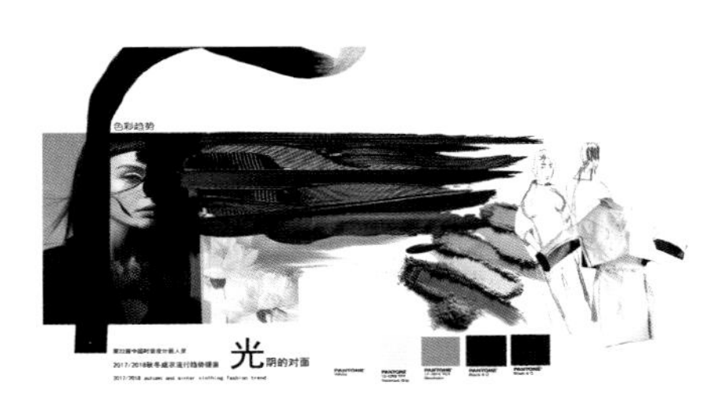

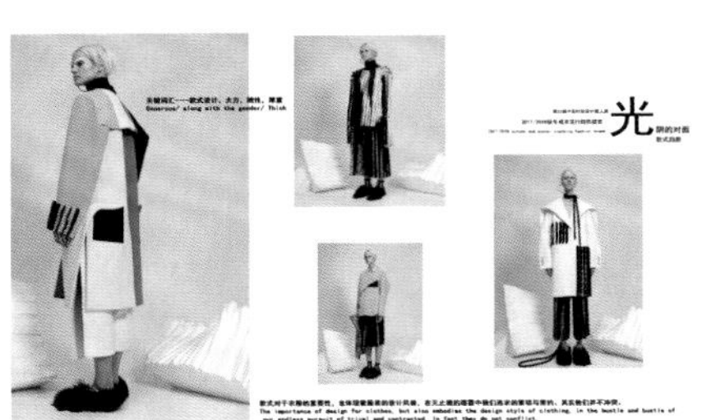

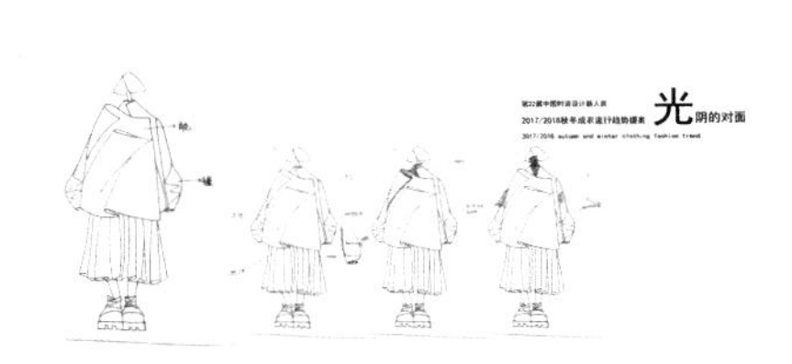

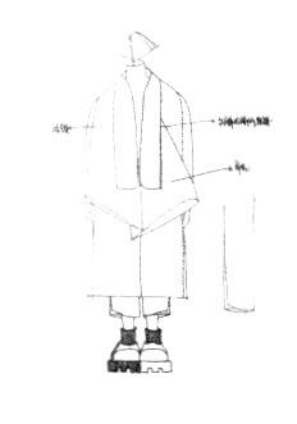

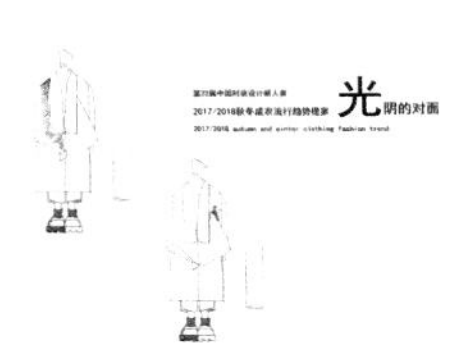

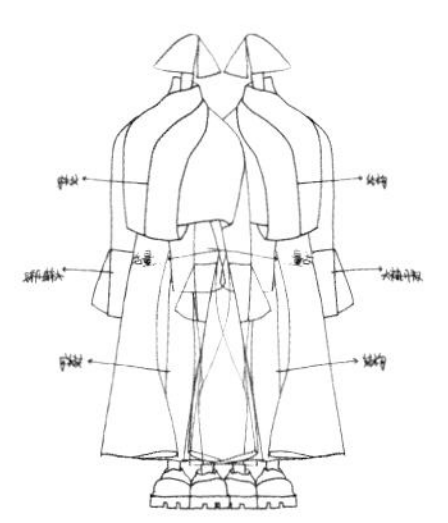

光阴的对面

第22届中国时装设计新人奖
2017/2018秋冬成衣流行趋势提案
2017/2018 autumn and winter clothing fashion trend
光阴的对面

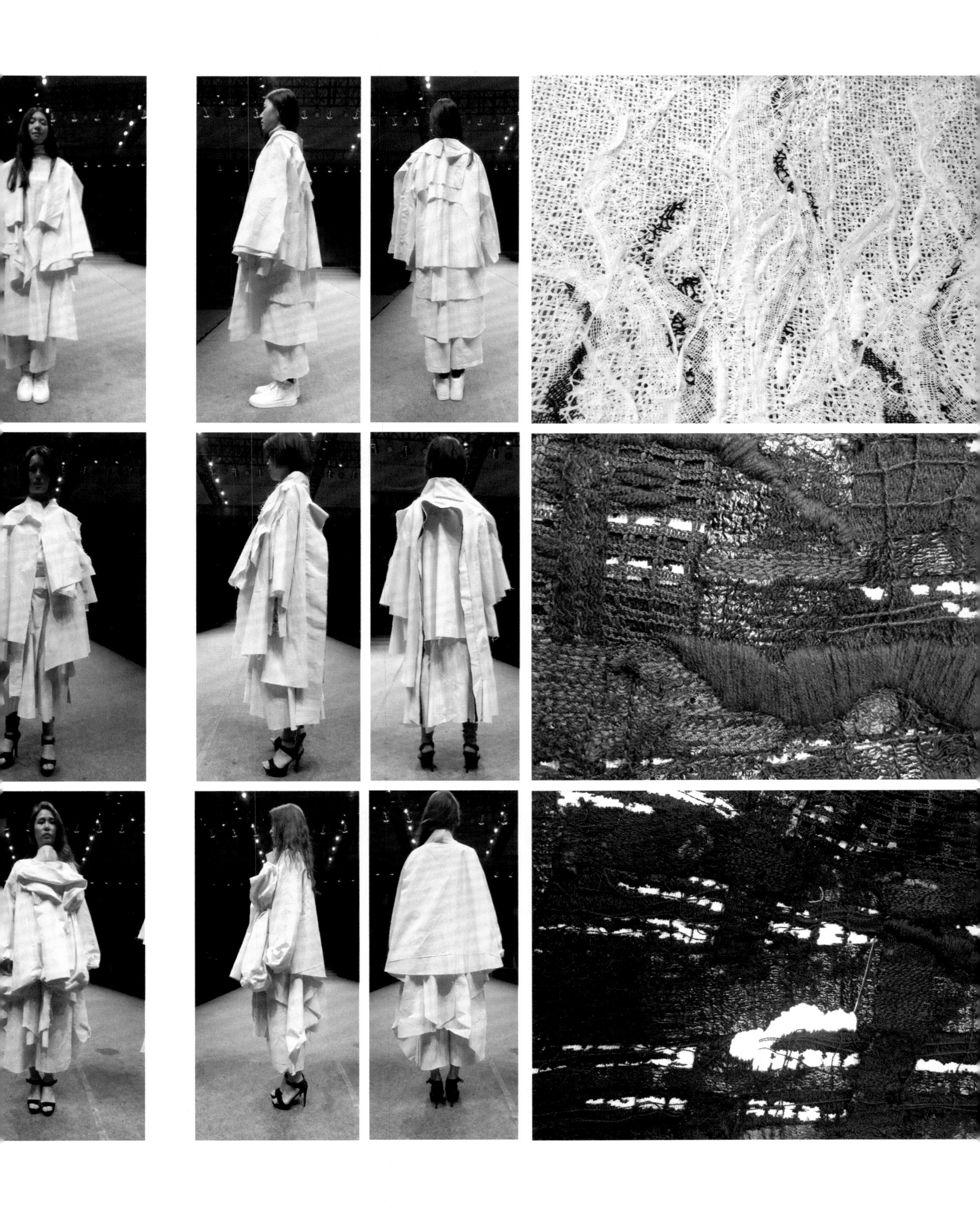

三十八 废物晒太阳

"九牧王杯"第22届中国服装设计新人奖

设计师 王亚男

设计主题为《废物晒太阳》的休闲男装系列设计，人物表现个性突出，在夸张人体比例关系的同时，强调服装的大廓型，凸显设计的层次感和体积感。系列成衣设计色彩亮丽，对比强烈，藏蓝色与橘黄色、白色的组合搭配，使男装增强了活力。设计元素应用丰富，数码印花图案、不同面料的对比，繁复不杂乱，设计风格特征明确。

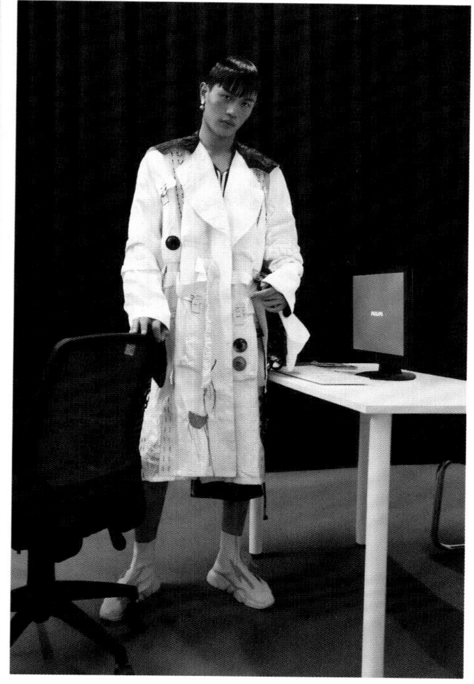

三十九 甲方·乙方

设计师 / 程世民

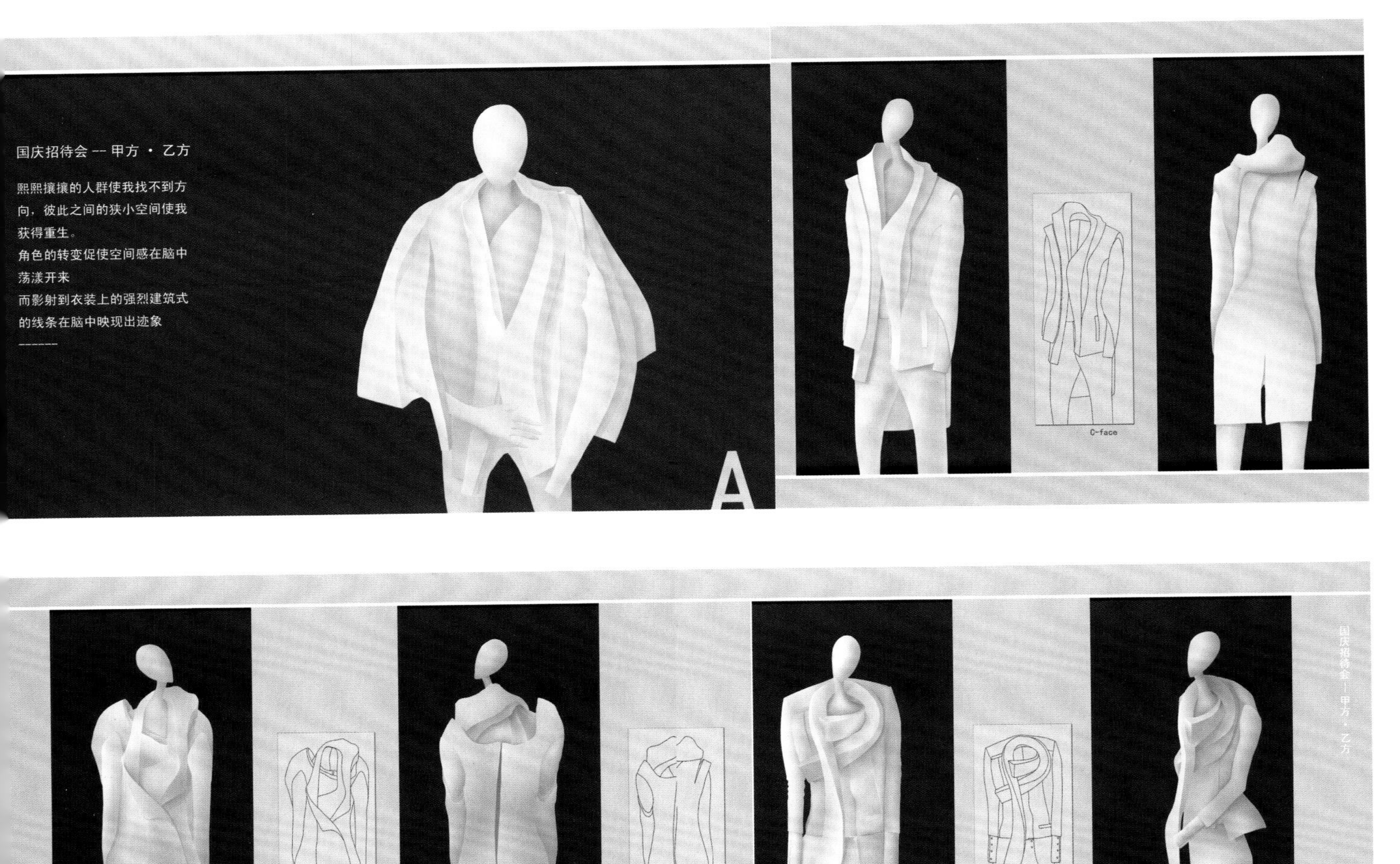

主题为《甲方·乙方》，以单色素描呈现，借鉴了雕塑石膏像的画法风格，表现手法个性突出。款式设计运用解构主义中的拆分手法，具有构成感和体积感。结构简洁大方，线条流畅，仿佛人物之间身份的转变，紧扣设计主题。

四十　传递者

2017 华人时装设计大赛

银奖 / 设计师　蒋诗雨

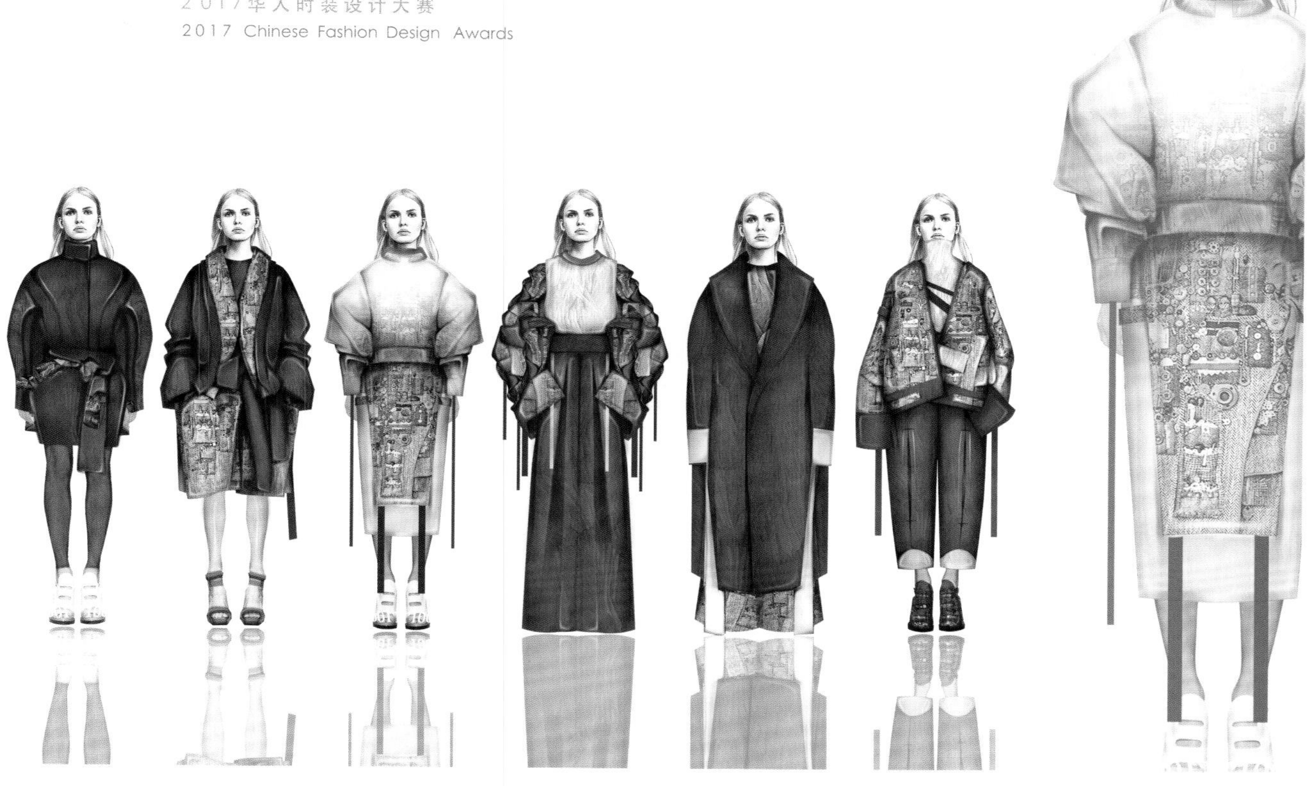

设计主题为《传递者》，女装系列设计。以黑、白、灰色彩穿插为设计重点，强调节奏感，人物表现清晰，服装造型大气，体积感较强。设计元素细节应用得当，具有灵活性和时尚性，立体与平面造型呼应，传递了设计者对主题的诠释与理解。

该系列以不同的黑、灰、白色的针织面料、毛呢、皮革为主要搭配，运用织物的变化、裁片的结构重组与二次搭配，丰富了面料质感。款式上以裤装、裙装、连衣裙等进行款式穿插，使该系列成衣富有节奏感。宽大的廓型和超长的袖型具有时尚气息。设计元素中服装的扣子、织带、商标等进行手工缝制与组合，增强和丰富了面料的质感对比。整体系列服装的成衣设计厚重又不失轻松感。

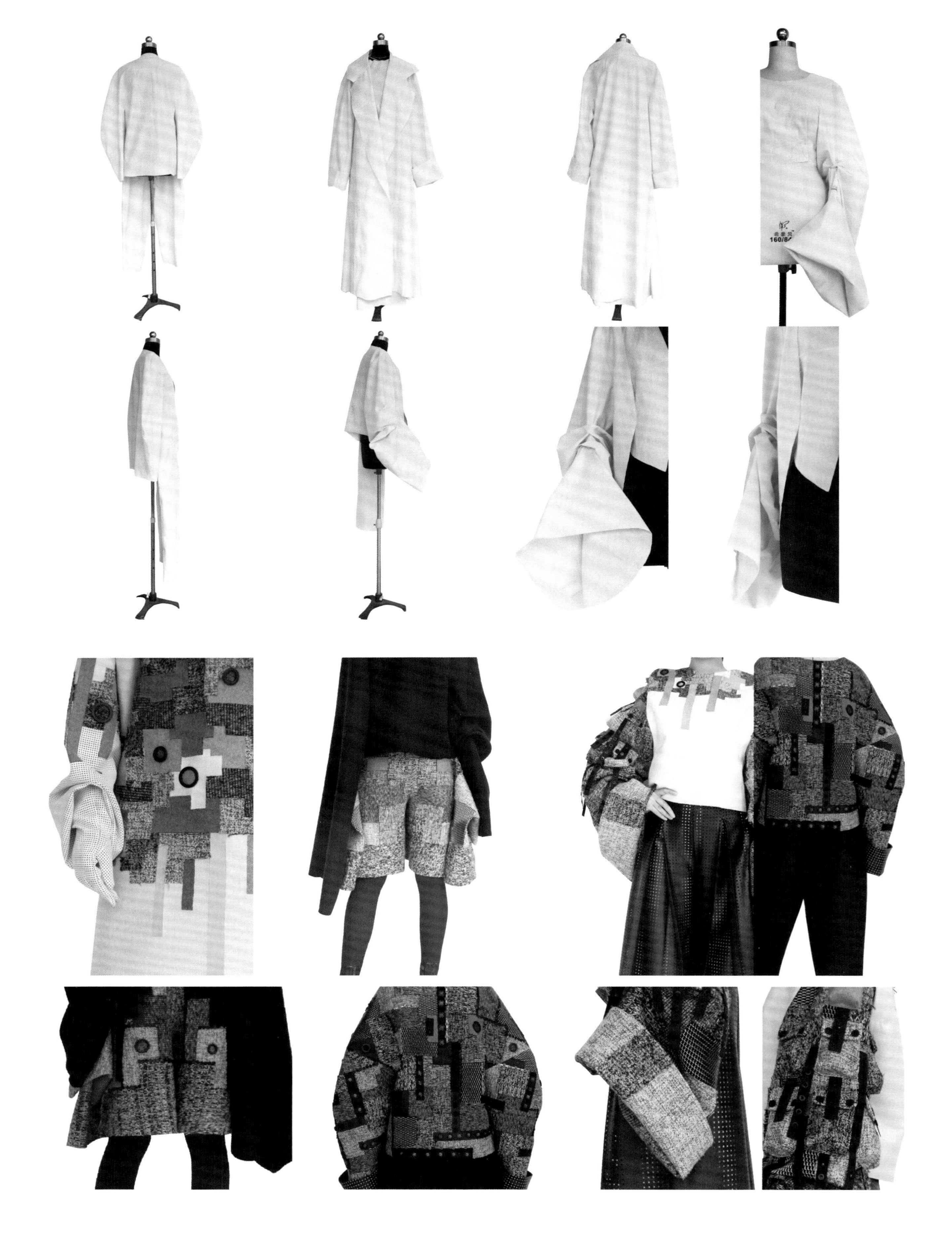

四十一 拼合

"裕大华杯"（首届）中国新锐服装设计大赛

银奖 / 设计师 蒋诗雨

设计主题为《拼合》，男装系列设计。效果图以手绘与PS相结合，以无彩色系与蓝色系穿插为设计切入点。不同的蓝色调，通过几何形拼接的设计元素，丰富了服装的视觉效果与质地。款式上强调实用可穿性，长、短款式错落变化，增强了服装的层次感，简洁大方，注重局部细节设计。

该系列以中国的文化为设计灵感，展现了中国灿烂辉煌的艺术成就。几千年的文化融于江河流淌至今，如碎片分散各地，将这些碎片重新组合，脱胎换骨，宛如新生。该系列设计中采用拼接撞色，具有时代感，硬朗的廓型剪裁，从头到脚都散发着一丝不苟的精致。

"裕大华杯"（首届）中国新锐服装设计大赛
拼合
工艺上采用手工剪裁几何拼接进行面料再造，将不同色彩及不同面料巧妙组合以达到整个拼接设计的和谐美，展现出风格独特的艺术美感的同时达到特殊的视觉效果及触觉效果

拼合
面料上采用毛呢、漆皮相结合，表现出亮光与哑光的对比质感凸出湖水的波，光粼粼的感觉
"裕大华杯"（首届）中国新锐服装设计大赛

四十二　足迹

作品主题为《足迹》，构思独特，具有趣味特征，色彩运用鲜明大胆，和谐统一，从地图的图案中提取设计元素，主题突出。整体大廓型设计为主，款式搭配一目了然，采用电脑提花与手工织、拼接、编织等工艺，通过立体缝制与平面材质的对比运用，丰富肌理，增强了视觉效果。

四十三　蔓延

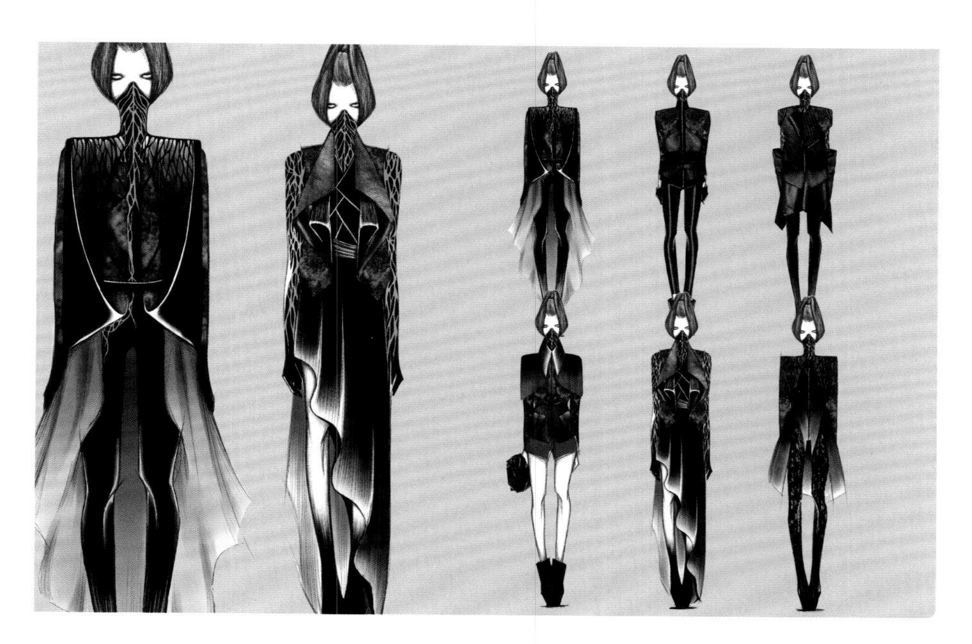

作品主题为《蔓延》，人物造型独特，整体服装造型采用内紧外松的穿着方式，增加了层次与节奏感。款式搭配简洁，局部纹理清晰可见，注重细节设计。外衣通过悬垂、解构层叠组合的方式，增加了服装的层次与节奏感；内衣通过数码印花与曲线镂空的工艺结合手法，表现了风格鲜明、设计独特的艺术效果。

四十四 魔方

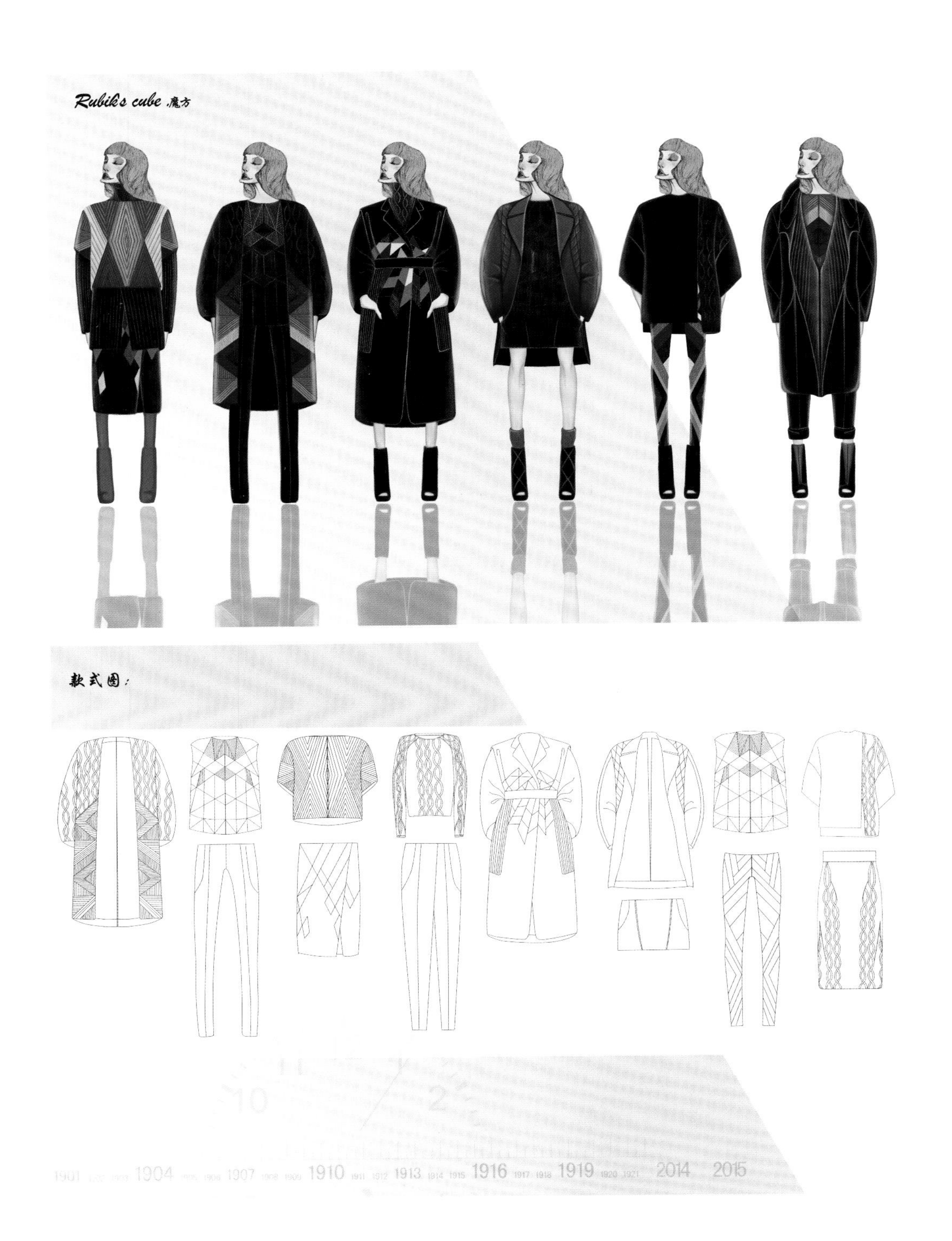

作品主题为《魔方》，以黑、红、黄搭配，色彩丰富和谐而不凌乱，富有韵律感。将不同质感的几何图案面料进行组合碰撞形成对比，面料的肌理变化与色彩遥相呼应。款式简洁，统一的圆肩造型搭配与内部垂直分割线结合，突出设计细节，采用拼接与绗缝工艺相结合的方式，使之产生不同的视觉效果。

四十五　错觉

该作品主题为《错觉》，效果图荣获2013“常熟服装城杯”第五届中国休闲装设计精英大赛的最佳手绘效果图奖。通过电脑手写板工具绘制，运用明暗对比方式表达设计者对主题的诠释，人物造型独特。元素采用解构的设计手法构筑富有节奏的设计美感，局部褶皱的细节与整体线条的体积感既遥相呼应，又各具特色。

四十六 超自然

作品主题为《超自然》，作品为男女混合系列，灵感来源于大自然与人类艺术融合的本质，通过铅笔简单勾勒的手法来表现设计者的意图，整体结构清晰、纯粹明了，款式搭配松紧有度，实用感强。同时以明线绗缝作为设计元素和工艺手法来表现流动的曲线，进一步突出主题，增强了面料的质感，局部流苏的搭配应用作为设计的亮点，也为服装整体增加了活力。

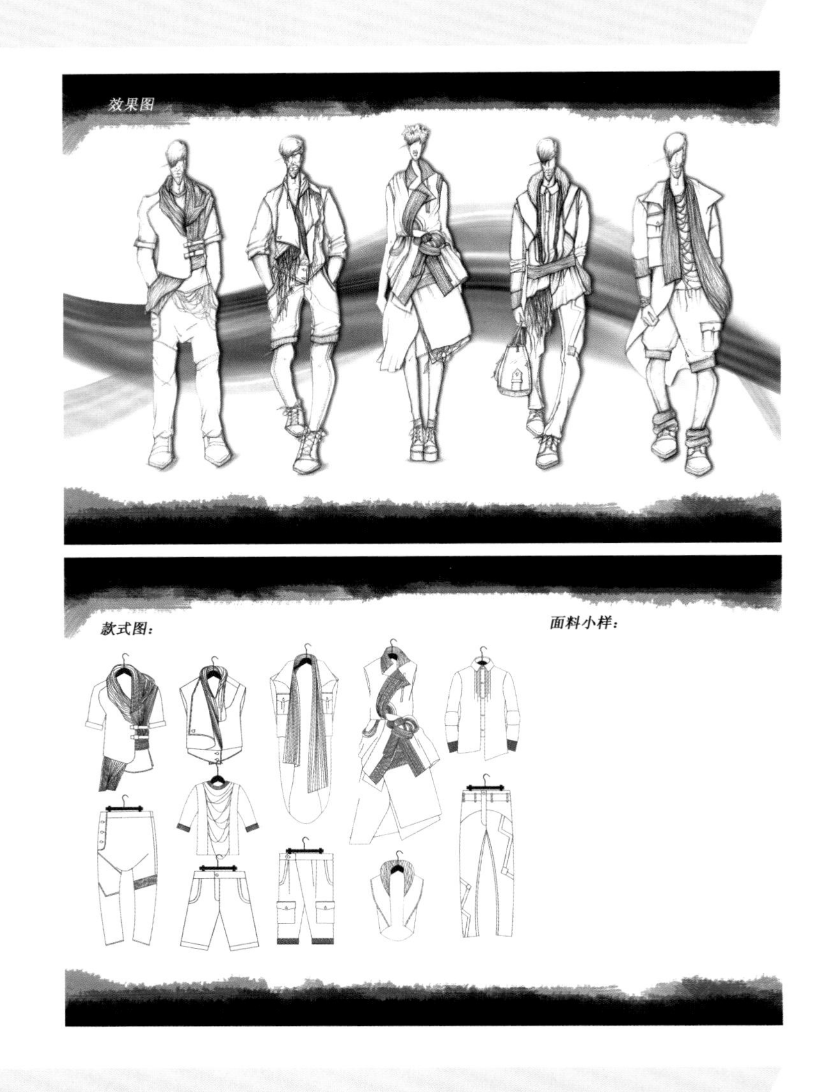

四十七 故乡·印象

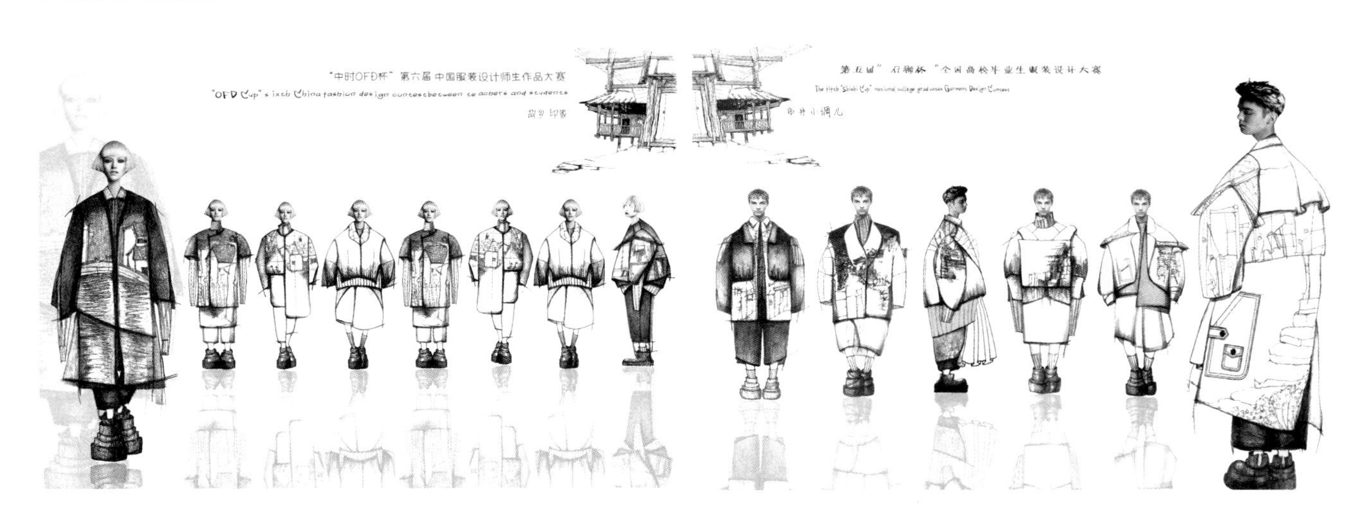

作品主题为《故乡·印象》，以黑白色为主。效果图采用素描绘图的手法，轻松又不失严谨，主题突出。作品注入了设计者对故乡的深厚情感，表述了市井小镇的图形在服装中的变化，夸张的大廓型增强了体积感和现代感。设计上强调针织手工缝制的原始回归性。

四十八 背景

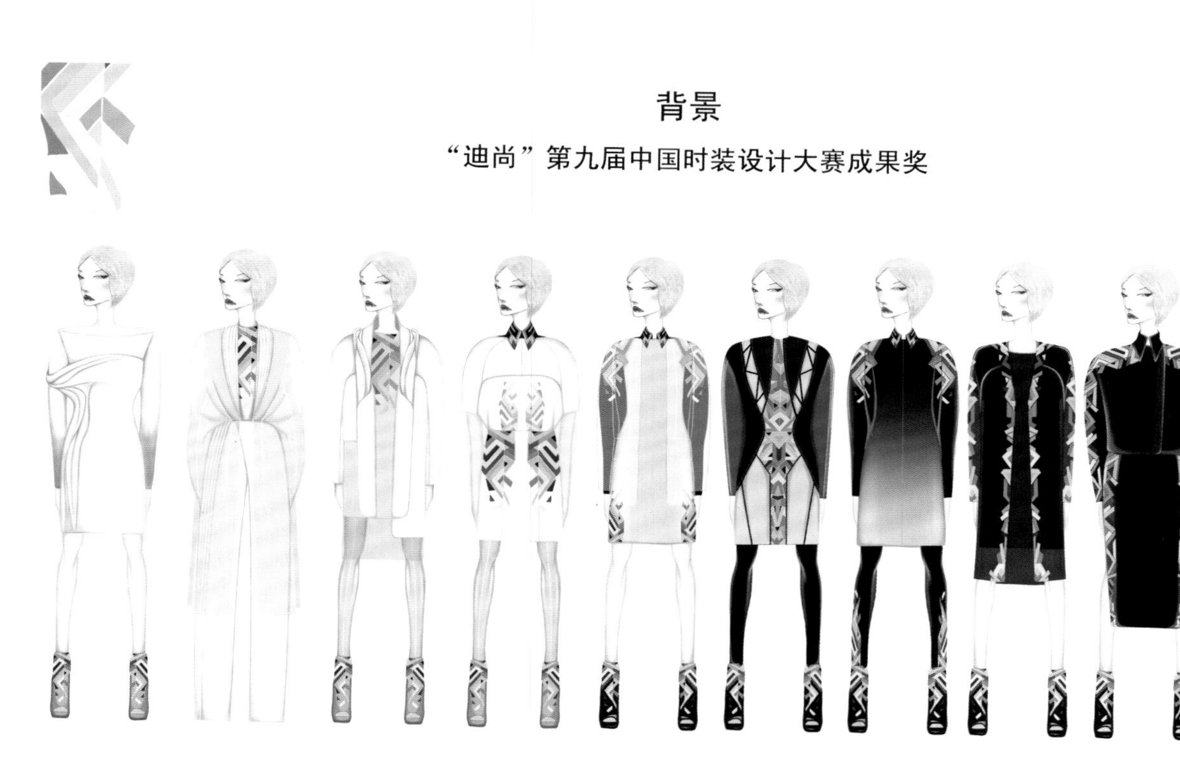

作品主题为《背景》，通过手绘与电脑结合的方式来表达设计者对主题的诠释，运用无彩色系到有彩色系的色彩过渡形式，讲述了一个系列的演变过程。款式简洁，内部分割线和对基本款的区位变形，都突出了自由感和随意性，同时增添了女性的干练味道。采用摒角的设计手法，将不同色彩碰撞在一起，主次分明，气氛热烈而不焦躁，设计元素的应用表达清晰明确，具有强烈的视觉美感。

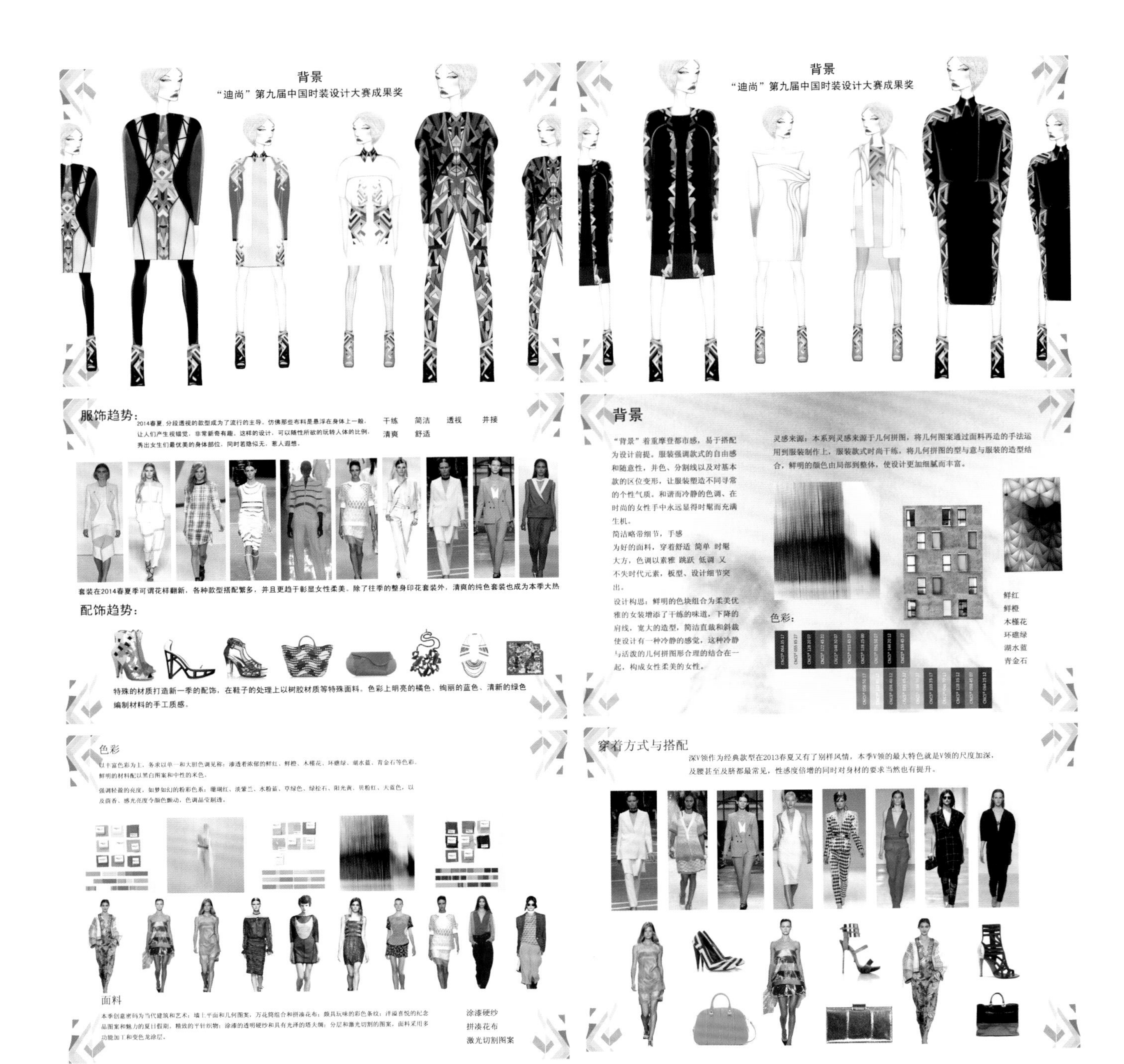

背景
“迪尚”第九届中国时装设计大赛成果奖
背景
“迪尚”第九届中国时装设计大赛成果奖
服饰趋势：
2014春夏，分段透视的款型成为了流行的主导。仿佛那些布料是悬浮在身体上一般，让人们产生视错觉，非常新奇有趣。这样的设计，可以随性所欲的玩转人体的比例，秀出女生们最优美的身体部位，同时若隐似无，惹人遐想。
干练 简洁 透视 并接
清爽 舒适
套装在2014春夏季可谓花样翻新，各种款型搭配繁多，并且更趋于彰显女性柔美。除了往季的整身印花套装外，清爽的纯色套装也成为本季大热
配饰趋势：
特殊的材质打造新一季的配饰，在鞋子的处理上以树胶材质等特殊面料。色彩上明亮的橘色、绚丽的蓝色、清新的绿色编制材料的手工质感。
背景
“背景”着重摩登都市感，易于搭配为设计前提。服装强调款式的自由感和随意性，并色、分割线以及对基本款的区位变形，让服装塑造不同寻常的个性气质。和谐而冷静的色调、在时尚的女性手中永远显得时髦而充满生机。
简洁略带细节，手感
为好的面料，穿着舒适 简单 时髦大方，色调以素雅 跳跃 低调 又不失时代元素，板型、设计细节突出。
设计构思：鲜明的色块组合为柔美优雅的女装增添了干练的味道，下降的肩线，宽大的造型，简洁直裁和斜裁使设计有一种冷静的感觉，这种冷静与活泼的几何拼图形合理的结合在一起，构成女性柔美的女性。
灵感来源：本系列灵感来源于几何拼图，将几何图案通过面料再造的手法运用到服装制作上，服装款式时尚干练，将几何拼图的型与意与服装的造型结合，鲜明的颜色由局部到整体，使设计更加细腻而丰富。
色彩：
鲜红
鲜橙
木槿花
环礁绿
湖水蓝
青金石
色彩
以丰富色彩为上，务求以单一和大胆色调见称：渗透着浓郁的鲜红、鲜橙、木槿花、环礁绿、湖水蓝、青金石等色彩。鲜明的材料配以黑白图案和中性的米色。
强调轻盈的亮度，如梦如幻的粉彩色系：珊瑚红、淡紫兰、水粉蓝、草绿色、绿松石、阳光黄、贝粉红、天蓝色，以及茴香、感光亮度令颜色颤动，色调晶莹剔透。
面料
本季创意密码为当代建筑和艺术：墙上平面和几何图案，万花筒组合和拼凑花布；颇具玩味的彩色条纹；洋溢喜悦的纪念品图案和魅力的夏日假期。精致的平针织物：涂漆的透明硬纱和具有光泽的塔夫绸；分层和激光切割的图案，面料采用多功能加工和变色龙涂层。
涂漆硬纱
拼凑花布
激光切割图案
穿着方式与搭配
深V领作为经典款型在2013春夏又有了别样风情，本季V领的最大特色就是V领的尺度加深，及腰甚至及脐都最常见，性感度倍增的同时对身材的要求当然也有提升。

四十九　错觉

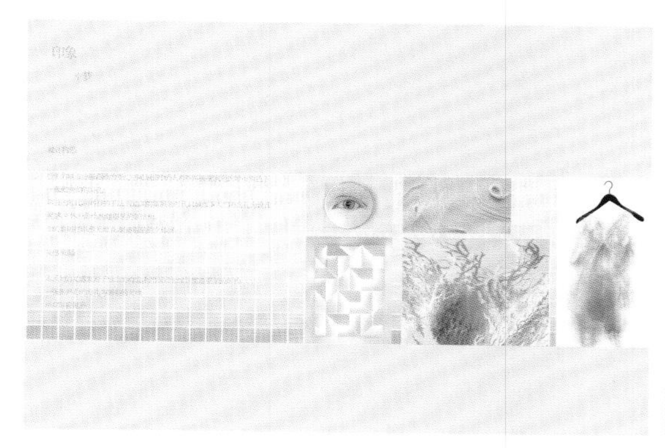

设计构思：

该系列的灵感来源于
线条感、立体感、体积感
十足的建筑造型，
利用这些线条、体积、
立裁设计改变服装的形态，
展现另一种服装风情

作品主题《错觉》，灵感来源于城市的构造，利用城市建筑的细节塑造服装的结构，一张张熟悉的面孔就是服装的灵魂。人物造型独特，色彩以黑、白、灰为主，加以淡彩点缀，整个系列明暗处理得恰如其分。设计元素采用镂空、数码印花、手工面料浮雕等工艺手法，形成丰富的肌理效果，营造服装的立体感。具有流动性的立体裁剪加上空间造型与解构设计的系列结合，使服装整体统一协调，更具感染力。

五十 梦幻滤镜为现实增添一抹迷惑

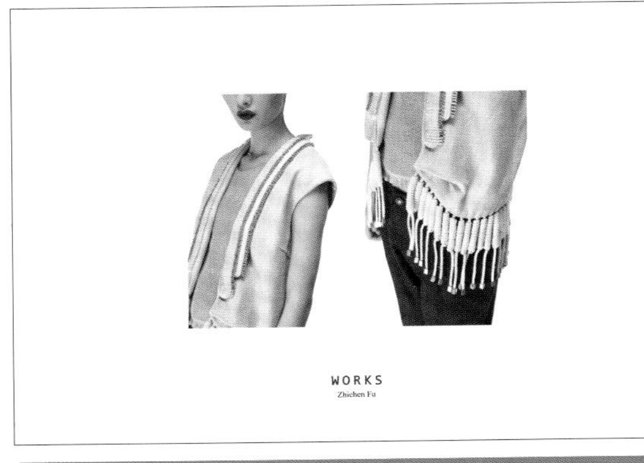

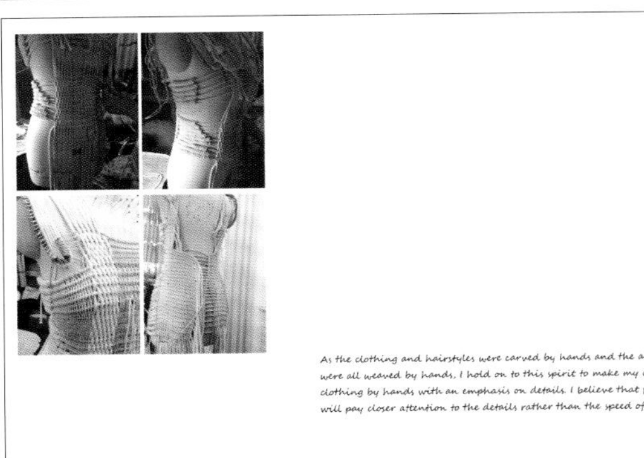

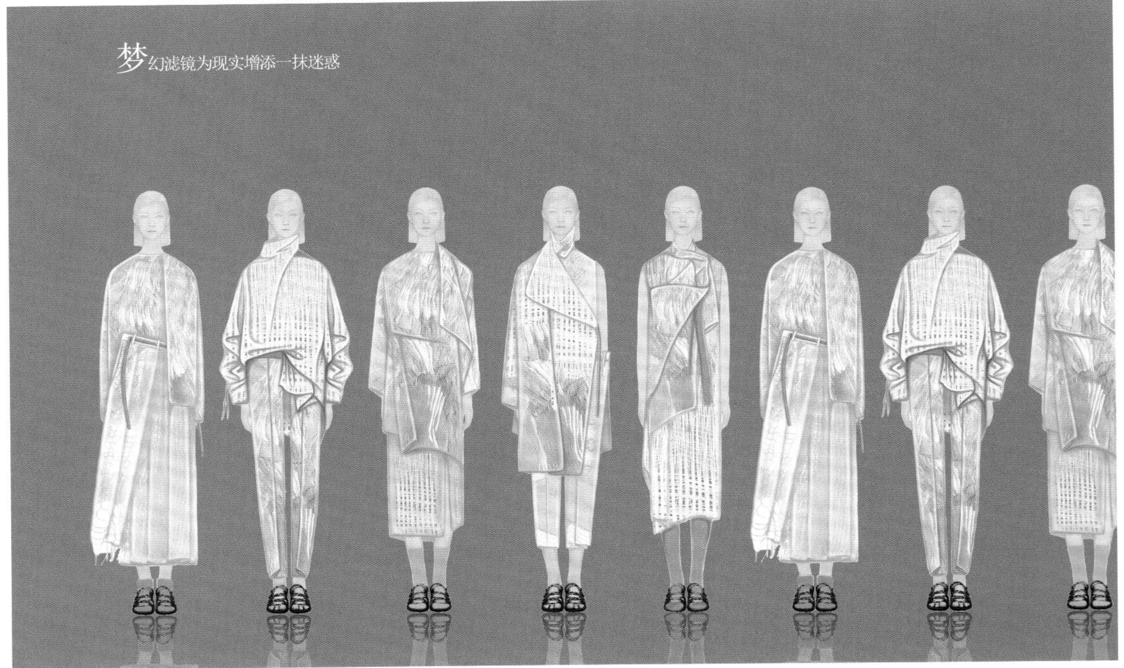

作品主题为《梦幻滤镜为现实增添一抹迷惑》，通过抽象压褶、针织、经纬编织、面料再造等工艺细节的综合运用增加肌理变化，使设计主题突出而又丰富多元。元素清晰明了，款式以不对称设计为亮点，使整个系列造型简洁而又不乏细节。以白色为基调，配以灰褐色、灰蓝色交相融合，清新淡雅，整体协调又不失个性表达。

五十一　迷幻

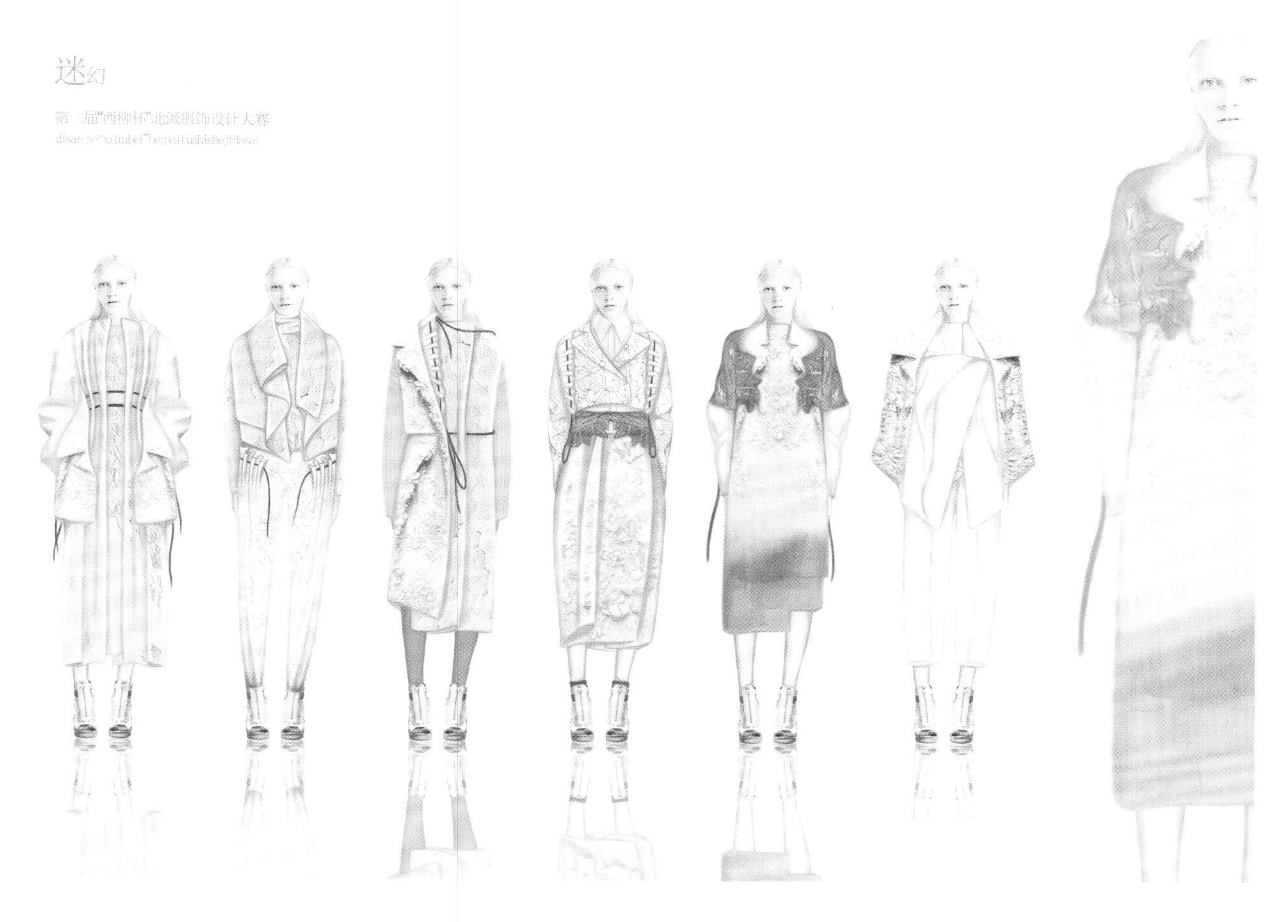

系列主题为《迷幻》，以浅灰色为基调，加以粉红色点缀，恰到好处地起到了提亮及调和作用。通过面料再造强化肌理对比，丰富了服装的视觉效果，点明主题。不对称的裁剪与款式搭配，以及衣片较强的立体造型感，增加了层次感。细节采用穿带的设计手法，并贯穿了整个系列，整体与局部协调统一，内外兼具，但色彩节奏感有待加强。

五十二 质朴的邂逅

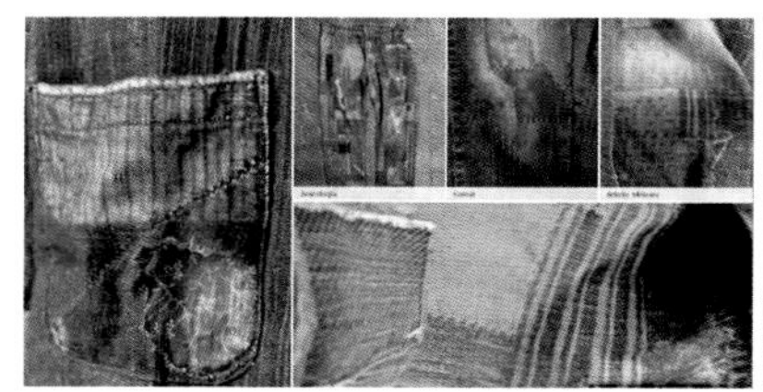

第三届"西柳杯"北派服饰设计大赛

作品主题为《质朴的邂逅》，色彩以靛青蓝为基调，配合相互交叠错落的层次搭配，将针织面料与丹宁面料结合进行二次再造与重组，以丰富视觉效果。还原中国传统工艺的染色手法，并与现代设计融于一体，这种民族性与现代性的巧妙结合，使整个系列主题突出、丰富多元，构建了新的时尚感。

五十三 红

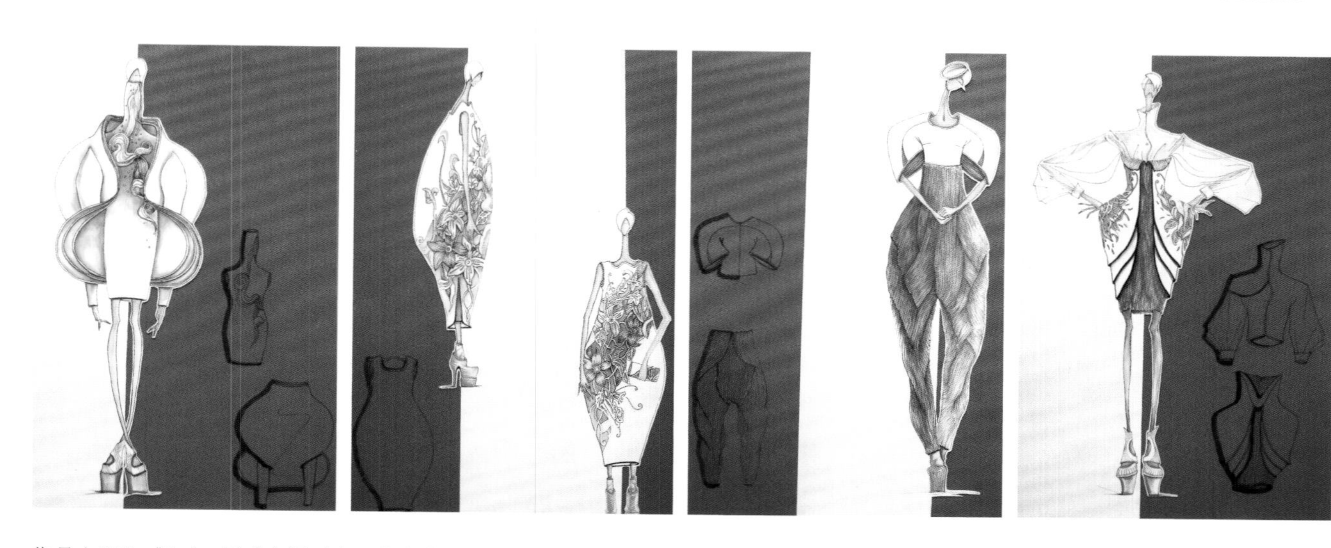

作品主题为《红》，灵感来源于中国的边壶工艺品，人物形象优雅，展现了静态美。色彩以白、红为主，加以压褶工艺，层次分明。服装造型简洁，结构清晰又不乏细节，极具现代感。以花卉的流线型作为设计元素，把民族性与现代性巧妙结合，清晰淡雅，营造出了具有艺术张力的服装风格。

五十四 越界

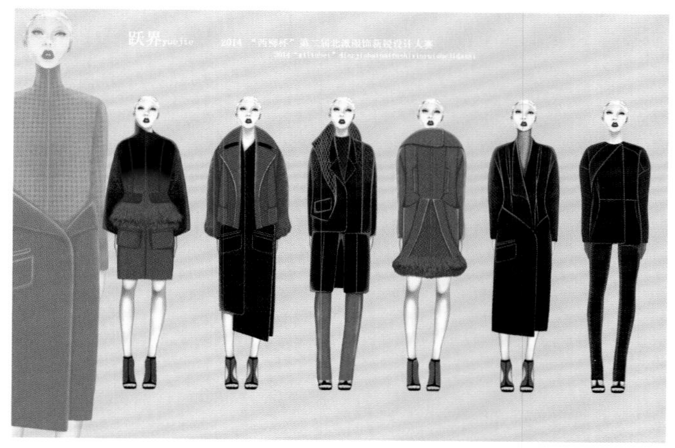

作品主题为《越界》，色彩以灰色和红色搭配为主，款式简洁又不乏细节，多为圆肩的设计造型，采用编织工艺加强肌理效果。通过基本型的分割、拼色以及区位变形的方法，产生了不同形式的对比，形成了角度与造型的变化，增加了服装的层次感，易于搭配，实用感强，呈现了摩登都市的审美风味。

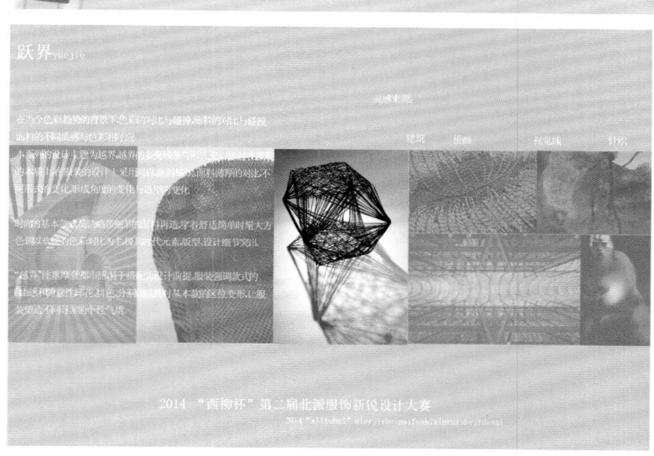

五十五 背景

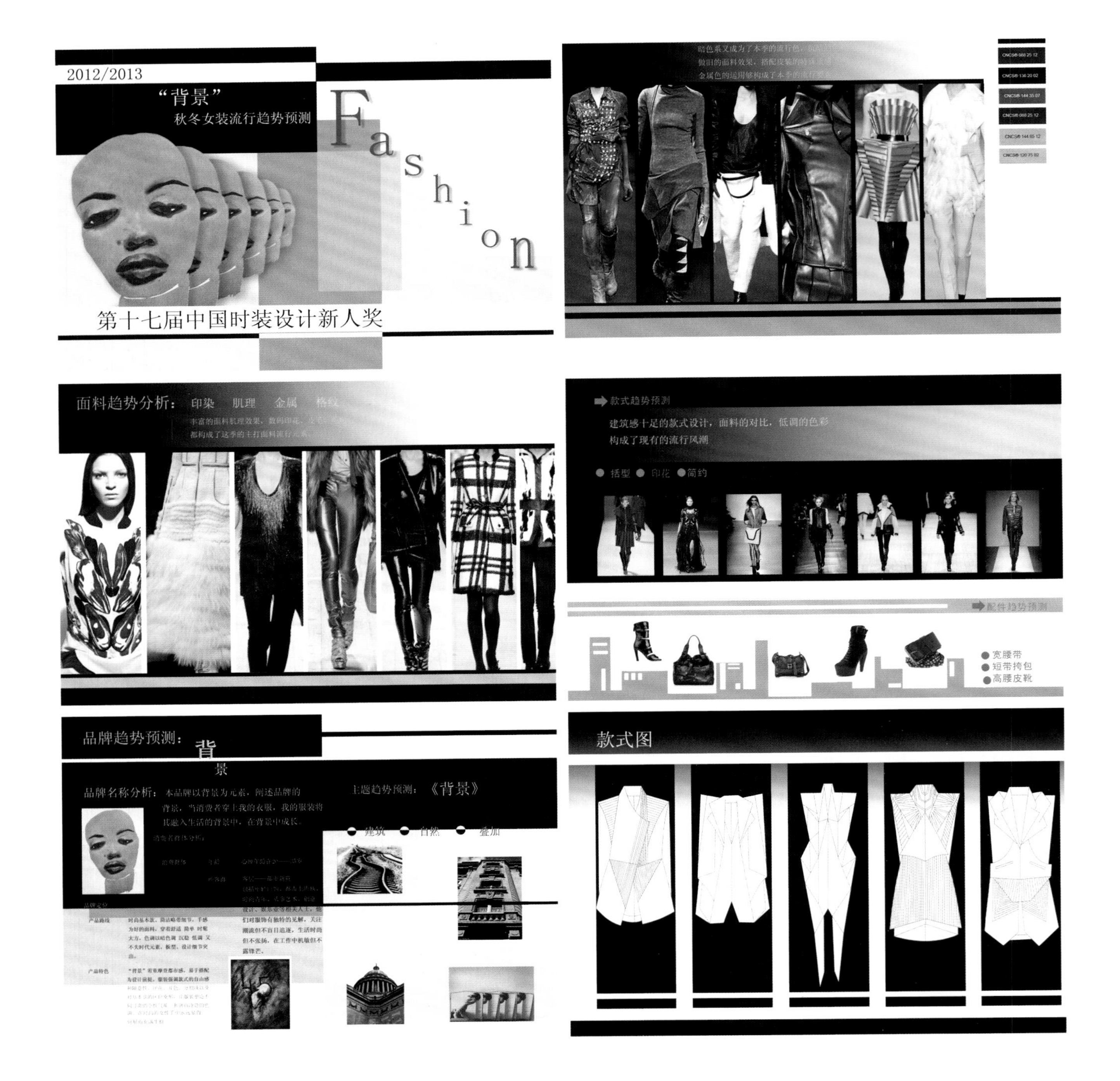

作品主题为《背景》，将黑、白色彩进行有序与无序的搭配，通过条纹宽窄对比、疏密对比以及在方向上错落有致地排列，产生了较强节奏感。同时设计者应用了视觉混搭的几何形纹样，增强了视觉效果。这种黑白色彩搭配简洁不失时尚感，从复杂的几何元素构成到轻松的、可穿的款式搭配，像是在讲述一个设计者的成长过程，呈现出独立形态的审美风格。

绮丽杯
第17届中国时装设计新人奖

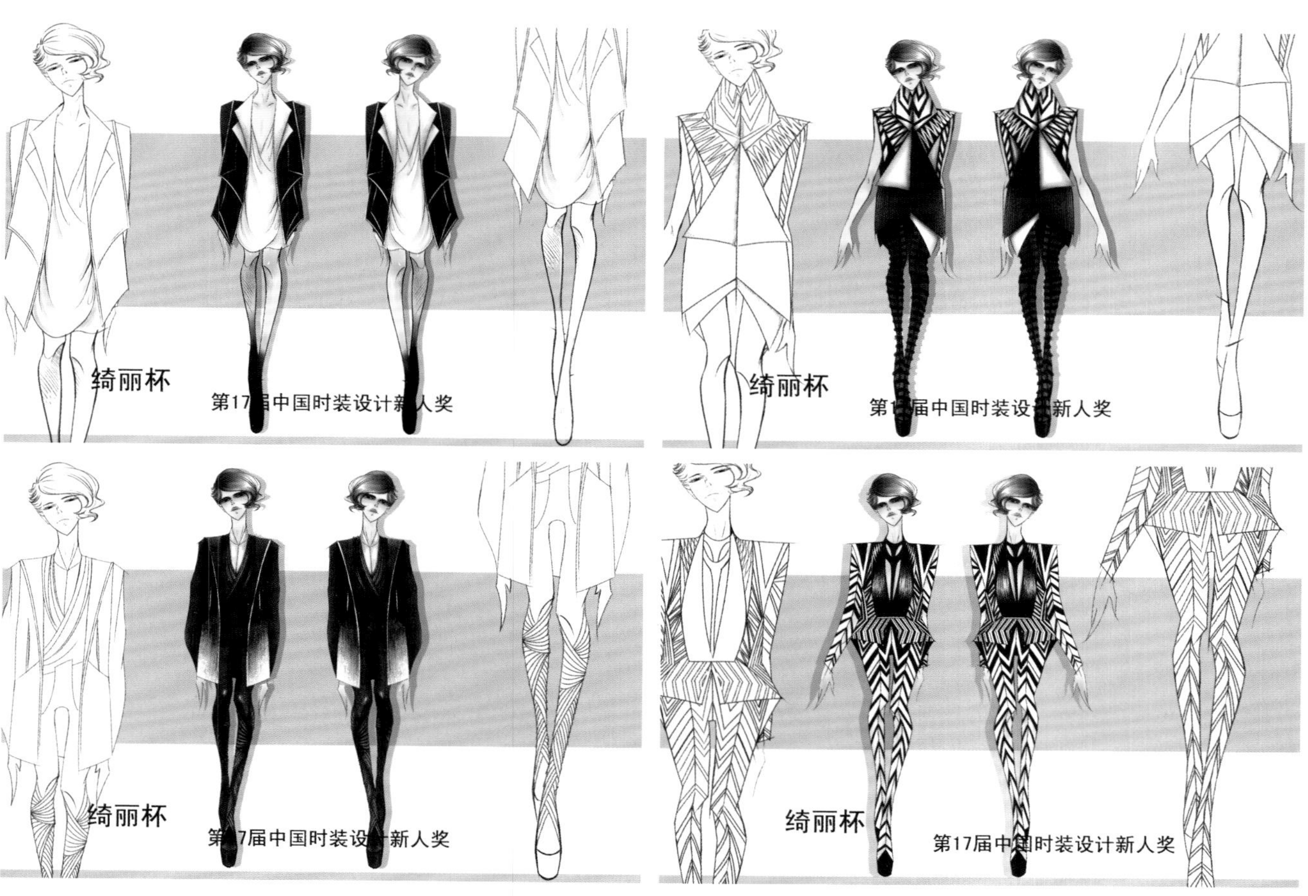
绮丽杯
绮丽杯
绮丽杯
第17届中国时装设计新人奖
绮丽杯
第17届中国时装设计新人奖

五十六 晚安

作品主题为《晚安》，通过铅笔手绘工具和电脑排版的形式来完成效果图，工艺上采用植物卷纹图案的刺绣设计手法，将怀旧的民俗元素与现代感造型巧妙地融合在一起；色彩上通过黑色与金色的穿插对比增强服装的层次感；款式设计（分体、连体、睡袍、内衣外穿）比较完整，系列感较强；设计元素也能充分地表达出设计者对内衣系列设计的理解。

五十七 眸·晓

作品主题《眸·晓》，内衣系列设计。构思独特，整体布局错落有致，风格鲜明，人物造型以芭比娃娃为特点，夸张可爱、清晰淡雅。服装搭配完整，看似随意排列的荷叶褶，装饰独具匠心，增添了柔和的女性美。局部搭配孔雀图案的设计，通过手工钉珠的工艺手法塑造渐变的效果，华丽优雅，为内衣设计赋予生命与活力。

五十八　梦

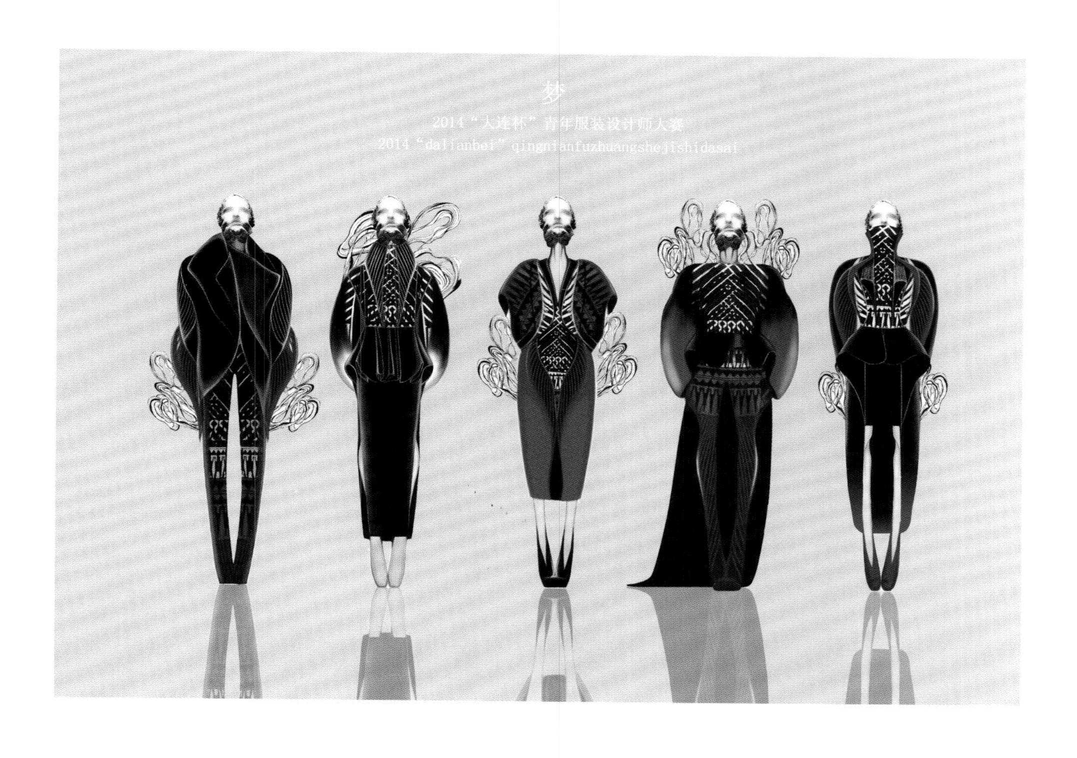

作品主题为《梦》，设计者以黑、白、红色调为主，人物造型独特，款式搭配松弛有度，通过羊毛毡来塑造面料渐变的虚实缥缈的质感，增加了面料的肌理效果。作品注重细节设计，采用绗缝工艺与数码印花几何图案相交织，烘托了主题氛围，丰富了视觉效果。服装造型夸张独特、富有创意，立体感较强。

五十九　飘

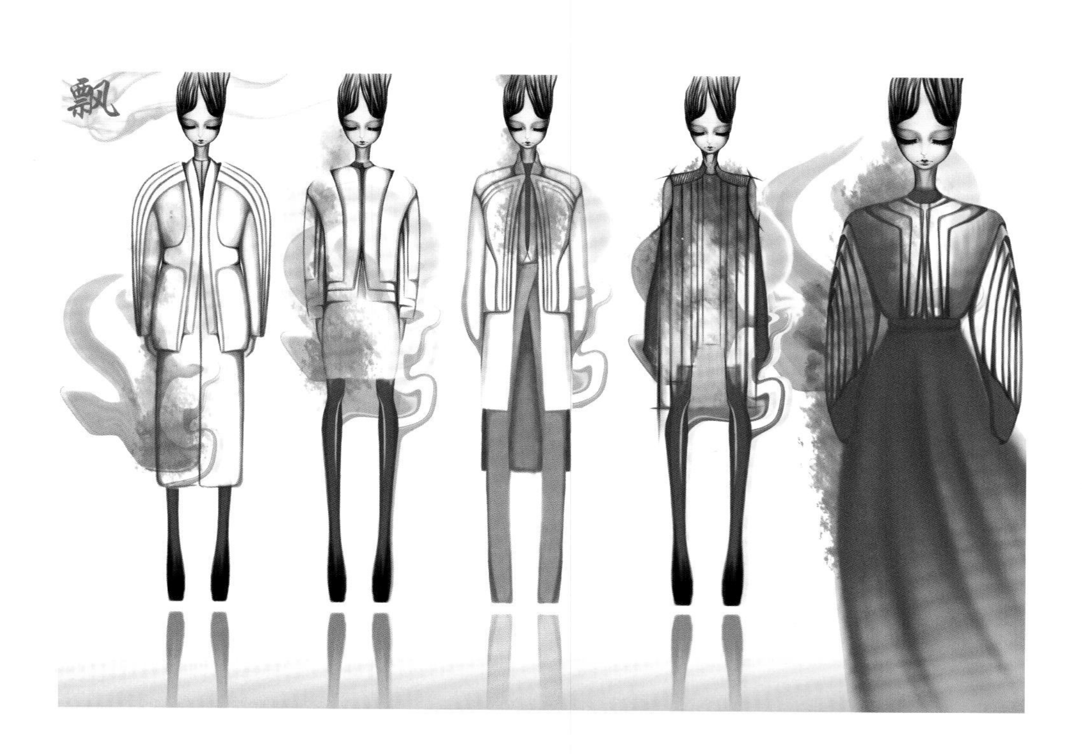

作品主题为《飘》，画面构思独特，富有感染力，以大面积的白色为主，红色搭配作为点缀，这种虚实变化进一步迎合了主题，达到了和谐的视觉效果。同时设计者注重细节设计，在领口、袖口、衣片等局部层叠褶皱，层次丰富，增加了变化元素。整体设计语言纯粹精炼，服装廓型的体积感和建筑感较强。

六十 碰撞

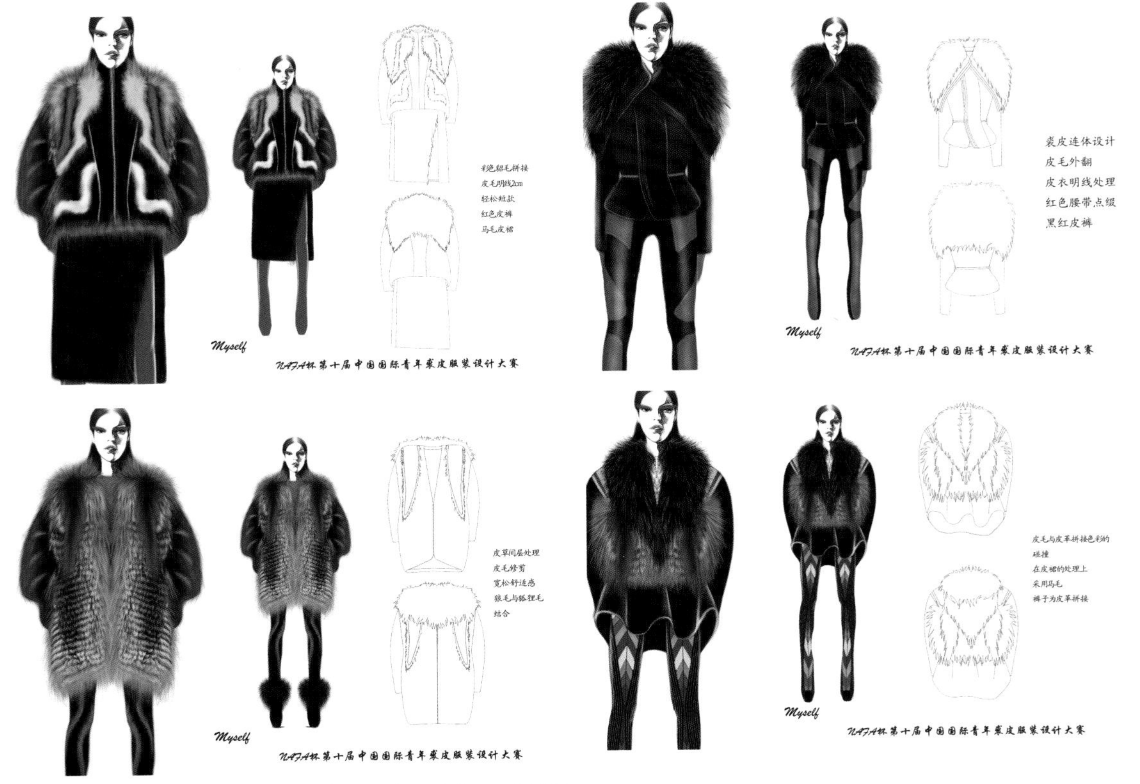

作品主题为《碰撞》，为皮草设计系列作品，以黑色为主色调，红、黄色相互穿插碰撞，既整体又有流行趋势感，深沉而活力十足。上装款式宽松，下装紧身打底，具有体积感。同时皮革与毛皮的搭配产生了面料的质感对比。

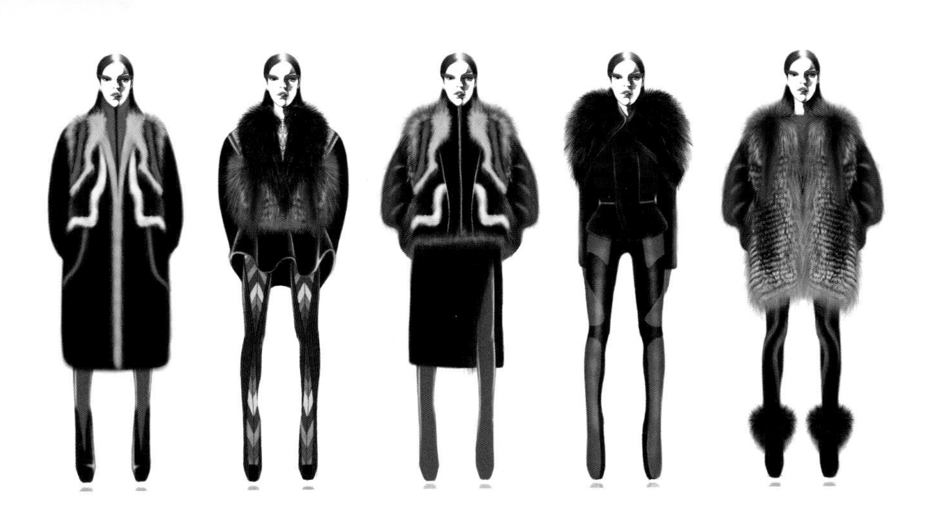

六十一　时间界限

作品主题为《时间界限》，是皮革、裘皮设计系列作品，以毛皮饰边与皮革搭配为主展开的系列服装设计。整体以黑色为基调，蓝、橘色相互穿插对比排列，色彩节奏感强；款式搭配简洁、实用，用不对称、分割等方式进行处理，丰富了层次感，极具市场价值。此外，几何形图案的拼色工艺，也增强了该作品的视觉美感。

六十二 重生

作品主题为《重生》，皮革系列服装设计，画面清晰鲜明、重点突出、形式感强。色彩以黑、白、灰为主，通过拼接手法结合面料深浅材质的对比，增加了层次与节奏感，表现出了女性的帅气与干练，款式与面料的设计搭配合理，彼此呼应而富于变化。

六十三　ALL DAY

系列主题为《ALL DAY》，是运动休闲系列设计。色彩以黑、白、红为主，充满运动感的曲线印花图案成为贯穿整个系列的共同元素，富有动感活力。整体服饰配套齐全，配饰设计与服装遥相呼应，烘托了服装的整体氛围；面料的质感表现清晰可见，兼具舒适性和功能性，实用感强。

六十四　黑与红

作品主题为《黑与红 》，是皮革服装系列设计，以黑色调为主，搭配局部“点睛”的红色来交叉贯穿整个系列。皮革手工挤压的褶皱表现了自然随意的肌理效果，增加了皮革设计的活力；款式上简洁又不乏细节，不对称的设计手法保留了原始的皮革状态，呈现出一种全新的设计理念。

六十五 自由表达

作品主题为《自由表达》，是针织系列设计，通过铅笔和彩铅工具进行手绘表达。元素采用披挂、缠绕、捆绑的形式，看似随意的搭配在布局上却独具匠心，具有悬垂美感。同时强调局部的细节设计，内外兼修，通过机织和手工编织相结合的设计手法，增加了面料质感的对比效果，清晰地表现出针织纹理，使整体风格更加明确。

六十六 阑珊

作品主题为《阑珊》，该系列为针织服装设计，以黑、灰为主色，红、黄、蓝色作为辅色点亮低调的黑色调，视觉冲击力强款式搭配简洁实用，节奏感好。针织纹样编织增加了服装的厚重体积感，注重细节处理，通过条纹拼接、捆绑、渐变印花等多种设计手法，增加了面料肌理的对比变化，丰富了视觉效果，增加了活力，烘托了作品的意境。

六十七　变幻

2013“华孚杯”中国色纺时尚设计大赛

银奖\设计师　高磊

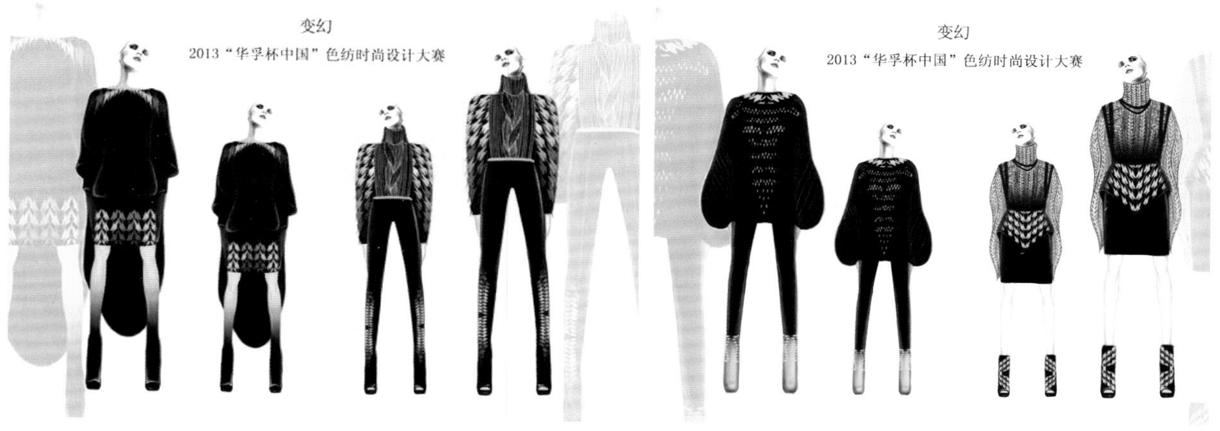

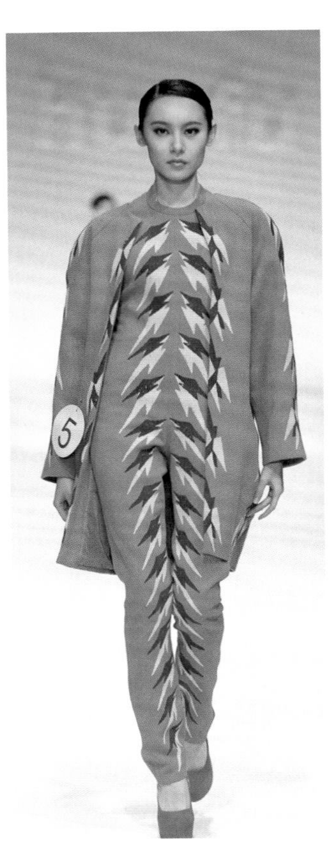

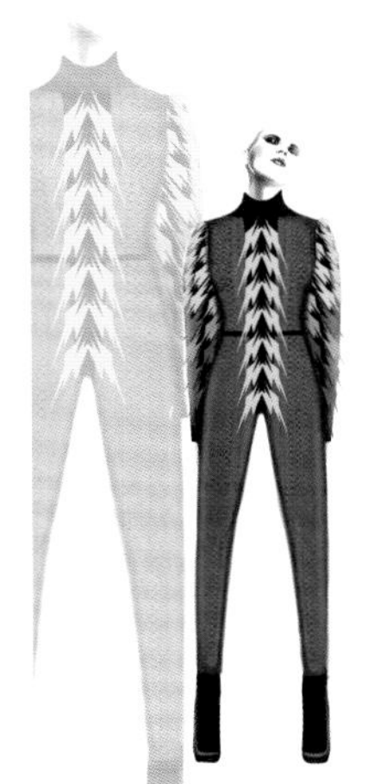
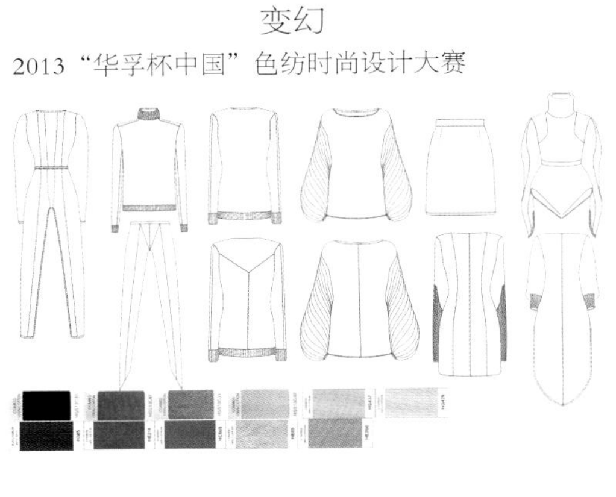

作品主题为《变换》，属于针织系列设计，设计手法轻松自由。色彩以黄蓝色调穿插为主，明亮且有活力；款式分割简洁又不失变化，加之局部以几何形组合构成排列的纹理，令系列变化丰富而优雅，整体感强。同时连体衣为该系列的独到设计，别具一格。

附录

指导学生全国（国际）服装设计大赛获奖名单

1997~2000年

赛事	奖项	时间	获奖学生
1. 全国首届中国服装设计师生作品大赛	二等奖	（1997.06）	吴春平、苏立军
2. 全国首届中国服装设计师生作品大赛	三等奖	（1997.06）	金红梅
3. 全国首届中国服装设计师生作品大赛	三等奖	（1997.06）	赵洪梅
4. “大连杯”中国青年时装设计大赛	银奖	（1998.06）	张草香
5. 第二届“益鑫泰”中国（国际）服装设计最高奖	三等奖	（1998.03）	张草香
6. 第三届“新西兰羊毛杯”全国编织服装设计大赛	金奖	（1999.01）	韩佳佳
7. “中华杯”国际女装设计大赛	铜奖	（1999.05）	苗立田
8. 中国（南宁）现代民族服装服饰设计大赛	铜奖	（1999.11）	赵　爽
9. 第五届中国服装设计“新人奖”	新人奖	（1999.11）	韩佳佳
10. “绿宝石”杯服装设计大赛全国邀请赛	银奖	（1999.09）	张燕群

2000~2010年

赛事	奖项	时间	获奖学生
1. 第四届“新西兰羊毛杯”全国编织服装设计大赛	银奖	（2000.05）	赵　爽
2. 第六届中国服装设计“新人奖”	提名奖	（2000.10）	吴双龙
3. 第三届中国服装设计师生作品大赛	艺术类银奖	（2001.03）	刘　艳
4. 第三届中国服装设计师生作品大赛	实用类金奖	（2001.03）	任春燕
5. 第三届中国服装设计师生作品大赛	实用类银奖（最佳工艺奖）	（2001.03）	高　巍

赛事	奖项	时间	获奖者
6.“中华杯”国际男装设计大赛	铜奖	（2001.05）	付照馨
7. 第四届“益鑫泰”中国服装设计最高奖	一等奖	（2002.03）	高　巍
8. 第四届“益鑫泰”中国服装设计最高奖	提名奖	（2002.03）	刘　艳
9. 第四届“益鑫泰”中国服装设计最高奖	提名奖	（2002.03）	付照馨
10.“中华杯”国际男装设计大赛	金奖	（2002.05）	刘娇娇
11. 第四届中国服装设计师生作品大赛	金奖	（2002.11）	常晶侠
12. 第十届中国服装设计“新人奖”	新人奖	（2004.11）	高　巍
13. 第五届“虎门杯”国际青年设计（女装）大赛	银奖	（2004.11）	付照馨
14. 北京·中国国际服装院校师生设计作品大赛	总冠军　男装类　第一名 单项奖（最具市场价值奖）	（2004.05）	黄锦实
15. 北京·中国国际服装院校师生设计作品大赛	休闲装第一名　单项奖 （最具市场价值奖）	（2004.05）	于　芳
16. 第十三届“大连杯”中国青年时装设计大赛	金奖	（2004.09）	付　冬
17. 第三届“经纬·来华杯”多国服装院校学生设计大赛	（最佳面料应用奖）	（2005.04）	郑雯雯
18. 第十四届“大连杯”中国青年时装设计大赛	金奖	（2005.09）	吕丹丹
19. 第十四届“大连杯”中国青年时装设计大赛	铜奖	（2005.09）	曹钟文
20. 第十一届中国时装设计“新人奖”	新人奖	（2005.11）	苗　琛
21. 2005“欧迪芬杯”中华内衣元素创新设计大赛	铜奖	（2005.11）	张文杰
22. 第十二届中国服装设计“新人奖”	提名奖	（2006.09）	张文杰
23. 2007“大连杯”中国国际青年时装设计大赛	国家纪念奖	（2007.08）	赵　静
24.“绮丽杯”第13届中国时装设计新人奖	新人奖	（2007.09）	苗　琛
25.“绮丽杯”第14届中国时装设计新人奖	新人奖	（2008.09）	赵　静
26.“佳海杯”中国国际服装（院校）设计大奖赛	金奖	（2007.11）	麻　野
27.“佳海杯”中国国际服装（院校）设计大奖赛	佳作提名奖	（2007.11）	赵　静
28. 第16届“汉帛奖”中国国际青年设计师时装作品大赛	银奖　单项奖 （最佳工艺制作奖）	（2008.03）	程世民
29.“绮丽杯”第14届中国时装设计新人奖	新人奖	（2008.10）	麻　野
30.“绮丽杯”第14届中国时装设计新人奖	新人奖	（2008.10）	程世民
31. 第17届“汉帛奖”中国国际青年设计师时装作品大赛	铜奖	（2009.03）	于　洋
32.“爱慕”2009全国高校女装设计邀请赛	金奖	（2009.11）	刘　振

2010年至今

赛事	奖项	时间	获奖者
1. 2010“欧迪芬杯”中国内衣设计大赛	银奖	（2010.10）	夏光雷
2. 2010“欧迪芬杯”中国内衣设计大赛	铜奖 单项奖（环保概念奖）	（2010.10）	张为峰
3.“应大杯”第二届中国时尚皮装设计大赛	金奖	（2010.10）	董　帅

4. 第十一届“虎门杯”国际青年设计（女装）大赛 金奖 （2010.11） 何永明
5. 2010“华孚杯”色纺时尚设计大赛 银奖 （2010.12） 李 琳
6. 2010“华孚杯”色纺时尚设计大赛 铜奖 （2010.12） 陈 龙
7. 第19届“汉帛奖”中国国际青年设计师时装作品大赛 银奖 （2011.03） 方美龄
8. 第19届“汉帛奖”中国国际青年设计师时装作品大赛 铜奖 （2011.03） 陈 龙
9. 2011“威丝曼”中国针织时装设计大赛 银奖 （2011.03） 陈 龙
10. “迪尚·IZOD”第八届中国时装设计大奖赛成果奖 铜奖 （2011.08） 何永明
11. 2011“欧迪芬杯”中国内衣设计大赛 金奖 （2011.10） 陈 龙
12. 2012“欧迪芬”杯中国内衣设计大赛 银奖 （2012.10） 曹 阳
13. “应大杯”第三届中国时尚皮装设计大赛 铜奖 （2011.10） 李 琳
14. “浩沙杯”第一届中国健身服饰设计大赛 金奖 （2012.03） 田 澍
15. 第20届“汉帛奖”中国国际青年设计师时装作品大赛 银奖 （2012.03） 陈 龙
16. “绮丽杯”第17届中国时装设计新人奖 新人奖 （2012.04） 陈 龙
17. “绮丽杯”第17届中国时装设计新人奖 新人奖 （2012.04） 王俊斯
18. 第七届中国国际经编设计大赛 单项奖 （2012.05） 曹 阳
19. “应大杯”第四届中国时尚皮装设计大赛 金奖 （2012.10） 付志臣
20. “应大杯”第四届中国时尚皮装设计大赛 铜奖 （2012.10） 刘 莹
21. 2012“欧迪芬杯”中国内衣设计大赛 银奖 （2012.10） 曹 阳
22. “英伟杯”第十届中国（大朗）毛织服装设计大赛 银奖 （2012.11） 信思贺
23. 2013“圣得西杯”中国时尚商务男装设计大赛 金奖 （2013.03） 王 朋
24. 2013“威丝曼”中国针织时装设计大赛 铜奖 （2013.03） 付志臣
25. 第二届“石狮杯”全国高校毕业生服装设计大赛 银奖 （2013.04） 闫超超
26. 第二届“石狮杯”全国高校毕业生服装设计大赛 铜奖 （2013.04） 罗琳珊
27. “迪尚·IZOD”第九届中国时装设计大奖赛成果奖 二等奖 （2013.09） 陈 龙
28. 2013“华孚杯”色纺时尚设计大赛 银奖 （2013.10） 高 磊
29. 2012“欧迪芬杯”中国内衣设计大赛 银奖 （2013.10） 李 章
30. 第八届“乔丹杯”中国运动装备设计大赛 铜奖 （2013.10） 王 朋
31. 2013“中国轻纺城杯”中国国际时装创意设计大赛 铜奖 （2013.10） 高 磊
32. 第14届“虎门杯”国际青年设计（女装）大赛 铜奖 （2013.11） 王 朋
33. “九牧王杯”第19届中国时装设计新人奖 新人奖 （2014.04） 邓 卿
34. 第三届“石狮杯”全国高校毕业生服装设计大赛 银奖 （2014.04） 田诺亚
35. 2014“大连杯”青年服装设计师大赛 金奖 （2014.09） 黄子棉
36. 第十五届“虎门杯”国际青年设计（女装）大赛 铜奖 （2014.11） 陈 龙、李 悦
37. “西柳杯”第三届北派服饰新锐设计大赛 银奖 （2015.07） 陈 龙
38. 2014“欧迪芬杯”中国内衣设计大赛 金奖 （2015.10） 肖 琦
39. 2015“中国轻纺城杯”中国国际时装创意设计大赛 铜奖 （2015.10） 张梦云、张世超
40. 第八届中国（常熟）休闲装设计精英大奖赛 银奖、最佳工艺奖 （2016.05） 张馨翌
41. “TOMDONG杯”2015中国（沙溪）服装设计大赛 银奖 （2015.11） 张梦云

42. 第十九届“真皮标志杯”中国国际皮革裘皮服装设计大奖赛			
	金奖	（2016.07）	张馨翌
43.2016 美国 AOF 国际时装设计大赛	国际大奖	（2016.11）	张梦云
44.2016 华人时装设计大赛	金奖	（2016.11）	胡楚楚
45. 第 25 届“汉帛奖”中国国际青年设计师时装作品大赛			
	银奖	（2017.03）	张梦云
46.“九牧王杯”第 22 届中国时装设计新人奖	新人奖	（2017.05）	张梦云
47.2017 华人时装设计大赛	银奖	（2017.11）	蒋诗雨
48.“裕大华杯”（首届）中国新锐服装设计大赛	银奖	（2017.12）	蒋诗雨

参考文献

[1] 靳埭强．设计心法 100+1：设计大师经验谈［M］．北京：北京大学出版社，2013.

[2] 马丁·道伯尔．国际时装设计元素：设计与调研［M］．赵萌，译．上海：东华大学出版社，2016.

[3] 赖声川．赖声川的创意学［M］．南宁：广西师范大学出版社，2011.

[4] 理查德·索格，杰妮·阿戴尔．国际服装丛书·设计：时装设计元素［M］．袁燕，刘驰，译．北京：中国纺织出版社，2008.

[5] 希拉里·柯林斯．创意研究：创意产业理论与实践［M］．欧静，李辉，译．长沙：湖南大学出版社，2018.

致谢

模特：宁　婧　刘东豪　龚婷婷　熊佳琪　何　婧
湖北省服饰艺术与文化研究中心课题资助项目（2016HFG006）